晶透寶石╳絕美造型╳零失敗配方，

從基礎到進階全圖解教學，
打造最親膚的韓式高質感手工皂

天然香氛手工皂聖經

Natural Soap Design Class

鄭脩頻 / 著　　林雅雰 / 譯

從簡單到困難，一步一步
完成量身打造的天然手工皂

過去15年來，在不斷地製作手工皂並教授課程時，突然有一種「如果能有一本教導大家如何一步步從基礎開始學習、如何製作天然手工皂的書，那就好了！」的想法，剛好這時候，接到了來自出版社的出書邀請。

本書貼心的設計，讓首次接觸手工皂製作的初級製皂者（soaper），在跟隨書中43款手工皂製作方法一步步完成後，便能自然而然地將技巧提升至更高一層。從基本的MP皂（又稱熔化再製皂）、簡易CP皂（又稱冷製皂），一直到樣式繁複的CP皂，都收錄其中，讓讀者從基礎製作到樣式設計技法，都能完整學習。本書每款手工皂製作的方法旁邊，都有附註難易度，讀者可以依照自己的功力，選擇適合的手工皂學習。

天然手工皂並非一門單靠「純手藝」就能完成的學問，必須同時了解大致的肥皂理論、各種工具的使用方法與場合、如何選擇正確的材料、有效率的製作過程、色彩學等等知識，並且經過不斷地練習後，才能真正地製作出一塊「精美」的手工皂。

本書中列出的所有手工皂製作方法，都附有詳細的步驟說明以及圖片對照，任何人都能夠輕易地跟著學習。無論是簡單的皂款，或是設計繁複的手工皂，趕快跟著本書一起來親手製作吧！希望這本書能夠成為初級製皂者製作手工皂時，放在手邊不斷翻閱的完全指南，或是成為進階製皂者新點子的靈感參考。

最後，誠心感謝在我完成本書期間，給予許多幫助的韓國香氛治療講師協會鄭宣雅會長等相關業界人士，以及不斷在我身邊給予支持的父母。

鄭脩頻

PART 1

———

任何人
都能輕鬆完成！

MP皂

1
ABOUT天然手工皂

手工皂的特徵

與一般市面上販售的肥皂不同之處，在於天然手工皂是透過天然油脂與鹼液（氫氧化鈉NaOH+水H2O）混合後，產生皂化作用製作而成。而在製作手工皂過程中產生的副產物－甘油，不僅減少洗臉後皮膚緊繃的現象，還能在皮膚上形成一層保護膜，讓肌膚保持水嫩柔軟。

此外，若添加由香草或花卉提煉出的天然精油，還能有相對應的功效。最重要的是，能夠針對自己的膚質挑選原料油來製作，正是手工皂的最大優點。

天然手工皂與市售肥皂差異

市售的一般肥皂，為了維持起泡度、硬度及香味持久性，通常會添加防腐劑、硬化劑、人工香料等合成化學物質，而這些物質可能會刺激肌膚，造成皮膚的問題。尤其是為了提高洗淨力而添加的界面活性劑，會降低肌膚原本的保護力。另外，為了能在短時間內製造大量肥皂，工廠作業時通常會將副產物甘油抽出，因此就有可能會造成皮膚緊繃感，甚至是瘙癢感。

天然手工皂最被推崇的地方，無非是使用起來的溫和與滋潤感，因與一般市售肥皂不同，手工皂保留了皂化反應自然產出的甘油作為肌膚保護。使用者也能在各式各樣的油脂中，自行選擇最適合自己膚況的原料來進行製作。

手工皂的種類

· MP皂：MP是「Melt & Pour」的縮寫，表示熔化再製造。在手工皂製作方法中是最為簡單又最安全的，因此可以跟孩子一起動手做後立刻拿來使用，還能玩出各式各樣的花樣肥皂。然而MP皂的主要材料－皂基，是工廠製作出的產品，相較CP皂與HP皂（Hot Process，熱製法），較不那麼天然。因此就算製作過程中，添加了優質的天然成分，也無法製作出等同於CP皂或HP皂的高比例天然成分手工皂。

・**CP皂**：CP為「Cold Process」的縮寫，中文為冷製皂。一般而言，天然手工皂指的便是冷製法做出的CP皂。與一般市售肥皂不同，製作手工皂時，最常見的方法便是將單一油脂與鹼液混合後，透過皂化作用製作而成。而CP皂在製作完後，還必須靜置4～6週的乾燥期，才可以開始使用。可以根據喜好，添加額外成分或精油，製作出適合自己膚況的手工皂。

・**HP皂**：HP為「Hot Process」的縮寫，又稱為熱製皂。將皂液攪拌至trace階段，再加熱使其快速皂化。由於利用高溫製作而出，因此在數天至2週後即可使用。

・**液體皂**：為CP皂的液態型，是透過油脂與氫氧化鉀（KOH）反應而成，製作成洗髮精、沐浴露等。當糊狀成果物（半固體狀態）製作完成，約莫過2週便可稀釋，並添加檸檬酸調整至適當的酸鹼值後使用。

・**再生皂**：再生製法（Rebatching）是將肥皂再利用的方法之一，將NG肥皂塊，例如不滿意的CP皂成品，或是修整手工皂外型時，切削掉的零碎皂塊等，再製為完整的肥皂。由於此方法經過二次加熱，因此更加溫和，也能夠在完成後立刻使用。

皂化反應

雖然手工皂製法都一樣，但隨著製作時的室溫、濕度或是原料保溫狀態等許多變數的不同，成品都會有些許差異。

跟製作純天然保養品時不同,手工皂的工具或是模具都不太需要另外購買。
只需要將以下這些工具清洗乾淨就可拿來利用。

加熱工具

加熱材料時必要的工具,可選擇電磁爐或IH爐等使用,而其中又以可快速傳導熱的IH爐更為方便。

手持攪拌棒

手持攪拌棒是為了將油脂與鹼液均勻混合時使用。比起只有1～2段變速選擇、轉速太過強烈的,建議選擇多種變速的機型,而攪拌頭也必須選擇不會與氫氧化鈉起反應的不鏽鋼材質。另外,使用攪拌棒時,只要將油脂跟鹼液均勻混合即可,不要過度攪拌,否則可能會導致溫度過高或是過度trace的狀態。

電子秤

用來測量材料重量時的必備工具。最小測量單位為克數重的機型最為合適。一般看刻度測量的傳統秤,可能容易有誤差,因此建議使用電子秤。

電子溫度計

用於測量材料溫度。比起傳統水銀溫度計,建議選擇電子溫度計,量測值更為準確,使用上也比較安全。如果要使用水銀溫度計測量材料,若直接插入其中,可能會有玻璃破損的危險,因此儘量避免。

迷你攪拌棒

用來將粉末與油脂或是皂液混合時,防止結塊的產生。若少量的皂液trace程度不足時,也可藉此工具幫忙。建議選擇鋸齒狀攪拌頭,可以減少氣泡產生。

旋轉蓋容器（PP塑膠）

用來混合氫氧化鈉與水的容器，最好選擇能夠旋緊蓋上的產品。若要製作1kg的手工肥皂，比例上需挑選容量約莫1L的容器。

耐熱玻璃量杯

也就是被稱作「派熱克斯」的玻璃量杯。跟不鏽鋼量杯一樣，主要用來熔化MP皂基。

不鏽鋼量杯

於混合材料或是加熱時使用。由於不鏽鋼不會跟氫氧化鈉起反應，非常適合拿來製作手工皂。建議選擇欲製作的手工皂兩倍量的量杯即可。測量氫氧化鈉重量時，不像塑膠材質會跟氫氧化鈉起靜電，非常方便。

塑膠量杯

為了配合環保，以塑膠量杯來取代一次性紙杯使用，主要用於分裝皂液時。必須挑選耐化學性的材質，因此避免使用聚碳酸酯（PC）塑膠製品。

尖嘴管擠壓瓶

製作造型手工皂時必備。將皂液倒入前，可以先將瓶內套上塑膠袋，這樣就可以免去使用完後，還要清潔瓶子的麻煩步驟。

矽膠刮刀

用來均勻攪拌材料，也能將皂液一滴不剩地刮入矽膠模具中。比起手把跟前面刮片可分離的設計，建議使用一體成型的刮刀，無論是使用上或是清潔上都較為方便。

湯匙

盛舀皂液、粉末或是攪拌時的必備工具。建議使用藥匙，或是聚丙烯塑膠（PP塑膠）材質製的湯匙。

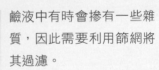

篩網

鹼液中有時會摻有一些雜質，因此需要利用篩網將其過濾。

迷你網篩

用於將雲母粉均勻撒於手工皂上。比起雲母粉專用噴霧器，能夠有更厚重的視覺效果。

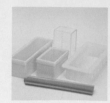

肥皂模具

用來盛裝皂液，等待其凝固。主要材質為矽膠，也有壓克力或木材質等。從單格造型模具到多格造型模具、大容量皂模等等，有多款樣式選擇。

切皂器

用來將完成後的手工皂切割成固定大小，有木製、壓克力製等多樣切割機可供選擇。

丁腈手套

在製皂作業時，為了不讓手接觸到氫氧化鈉、鹼液或是皂液，必須全程佩戴。除此之外，也可以額外戴上口罩、防護眼鏡等等，讓製皂作業能夠更加安全地進行。

裁修肥皂用刀具

切削手工皂時使用。MP皂可直接以廚房刀具切割，而CP皂可用廚房刀具，或搭配鋼絲使用的線刀切割，即可擁有光滑無痕的切割斷面。如果使用鋸齒狀刀刃的刀具，則可切削出獨特形狀的成品。

圍裙

能夠避免在作業時，衣服被油脂、皂液，或是其它材料潑濺到。

倒角鉋

能夠將手工皂邊邊角角修齊的工具。經過修邊後的手工皂，少了銳利的邊緣，使用上較為方便。選擇木製倒角鉋切削後，能夠得出光滑的斷面。

保麗龍箱（保溫用）

用來保持模具中皂液的溫度。若是手邊沒有保麗龍箱，也可以簡單用毛巾或是毛毯等覆蓋其上，避免皂液冷卻速度過快。而炎熱的夏日，則可以直接將模具置於室溫，或是將保麗龍箱蓋子稍微掀開，以調節溫度。

皂章

能夠將手工皂完成品，裝飾得更有自我風格。皂章有壓克力、矽膠或橡膠等材質。

pH酸鹼試紙

用來確認完成後的手工皂酸鹼值。乾燥後的手工皂，最合適的酸鹼值落在7.5～8.5之間。

3
必備材料介紹

有些添加的材料無論是否使用，都能製出手工皂，
然而以下的必備材料，則是製作手工皂時，絕對不可或缺的。

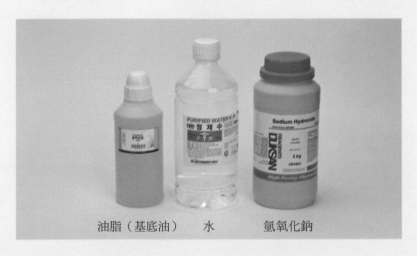

油脂（基底油）　　水　　　氫氧化鈉

油脂（基底油）

與氫氧化鈉產生反應，以製作出手工皂的
基本材料。並且隨著基底油選擇的不同，
能夠做出不同功效的手工皂。能夠作為基
底油的油脂有椰子油、棕櫚油、橄欖油、
各種香草浸泡油等。

水

用來溶解氫氧化鈉。根據用量不同，能夠
調整手工皂的軟硬程度。蒸餾水、過濾水、
花水、咖啡原液、山羊奶、酒類（紅酒、米
酒）等，都可以作為「水」來使用。然而一
般的自來水或是食鹽水，則不適合當做手工
皂材料。

氫氧化鈉（NaOH）

俗稱的苛性鹼，在製皂過程中，負責與油
脂反應的材料。由於本材料具有強鹼性，
可能會腐蝕其他物品，因此拿取時務必小
心。雖說氫氧化鈉的有效期限標示為2年，
不過在未開封的狀態下，即使超過保存期
限，仍是可以使用的。

儘量選擇純度高的產品，本書選用的是98%
純度的氫氧化鈉。調配鹼液時，可加入水
量約80%的冰塊使其融化，讓鹼液的溫度快
速下降，以減少製作手工皂的事前準備時
間。製作手工皂的鹼液溫度，最好維持在
30～40°C之間。

4
基底油種類與特性

種類	特性
椰子油	・特徵為洗淨力強，泡沫豐富，是最常見的手工皂基底油。 ・製作出的肥皂硬度較高，油脂在低溫時為固體，26℃以上時則為液體狀態。
棕櫚油	・除了椰子油之外，第二常見的手工皂基底油。 ・飽和脂肪酸的含量較高，可加速皂化作用。製作出的手工皂硬度較高，泡沫細緻。
綠茶籽油	・對肌膚較滋潤，擁有良好的保濕力，同時也有鎮靜肌膚效果。 ・含有大量的維生素E以及氨基酸。
苦楝油	・特徵是有著類似大蒜或硫磺的獨特氣味。 ・高含量的維生素E及氨基酸，適合敏感性、痘痘膚質。
月見草油	・富含必需脂肪酸，以及 γ 次亞麻油酸（Omega-6脂肪酸），有卓越的保濕效果。 ・適合乾性肌膚或敏感性肌膚使用。 ・由於容易氧化變質，建議和富含維他命E的小麥胚芽油一同使用。
山茶花油	・對肌膚有鎮靜效果，同時能預防脫髮以及修復毛髮。 ・具有舒緩收斂肌膚之效。由於能夠舒緩乾燥肌膚，因此常添加於保養品或髮妝品中。
豬油	・將豬的油脂精煉或融化後而得，為白色（或是乳白色）半固體的乳霜狀油脂。 ・常用於做肥皂原料，製出的手工皂質地較軟。
夏威夷果仁油	・不容易氧化變質，因此常被廣泛使用。 ・能保持肌膚柔嫩、預防老化。因跟荷荷芭油成分類似，常被用來取代使用。
米糠油	・富含維他命E與礦物質，保濕效果佳。 ・添加入手工皂時，可加速trace的進行。
黑芝麻油	・含有大量的維他命E與礦物質。 ・具高度的氧化穩定性，另外，由於能夠促進代謝，常於按摩中被使用。
杏桃核仁油	・富含維他命與礦物質，又能快速滲透肌膚裡層，讓疲憊的肌膚恢復光澤。 ・各種膚質都適用，無論是老化肌膚、乾性肌膚、敏感性肌膚等，都非常適合使用。

種類	特性
甜杏仁油	· 含有大量蛋白質，能夠滋潤肌膚。 · 含有維他命D、維他命E及礦物質等，可抑制皮膚的瘙癢感。 · 具有修護乾性肌膚與毛髮的功效，除了能保濕外，還能喚醒肌膚活力。
乳油木果脂	· 含有豐富的蛋白質，能滋潤肌膚、恢復彈性。 · 添加至手工皂中，能讓泡沫更加溫和細緻。 · 較不耐高溫，因此建議以低溫慢慢熔化。
酪梨油	· 能穿越厚厚的角質或脂肪層，滲透到肌膚內，使其柔嫩。 · 適合用於乾性肌膚、敏感性肌膚，能預防老化、緩和肌膚缺水症狀、濕疹等等。
玉米胚芽油	· 含有大量維他命E，為氧化穩定性高的油脂。 · 由於抗氧化作用，能延緩皮膚水分蒸發，防止肌膚乾燥、老化。
橄欖油	· 含有維他命A、維他命D、維他命E，滲透性高，能保持肌膚柔嫩，適合乾性膚質。 · 能抑制肌膚發炎及瘙癢症狀，護髮、鎮靜肌膚、殺菌力表現都非常卓越。 · 無論是特級冷壓、純橄欖油或是橄欖渣油，任何等級都可用來製作手工皂。
月桂油	· 外觀為深綠色，擁有濃郁的月桂樹特有香氣。 · 不只用於肌膚保養上，特別常使用於保養頭髮或頭皮的手工皂上。
核桃油	· 由核桃中提煉而出，含有omega-3，可防止細胞受損，具預防落髮功效。 · 含有多種營養成分，抗氧化功能可撫平因老化而出現的皺紋，質地較醇厚。
小麥胚芽油	· 富含維他命A、維他命B，具有優質保濕力、預防老化及維持肌膚彈性效果。 · 由於成分中維他命E的抗氧化功能，能與其他基底油一同使用，防止氧化變質。
芥花油	· 擁有卓越的保濕功效與高肌膚親和度。 · 由於較難trace，因此建議與椰子油或棕櫚油搭配使用。 · 脂肪酸的成分與橄欖油類似，因此也常作為橄欖油替代品。
胡蘿蔔籽油	· 特徵為含有胡蘿蔔素、維他命A與維他命C。 · 適合乾性肌膚、濕疹使用，具有能恢復肌膚彈力、預防老化的多種營養成分。
可可脂	· 從可可豆中榨取而出，可長久保存。 · 可在肌膚上形成一層薄膜，阻擋水分蒸發，幫助肌膚維持水潤。
棉籽油	· 由棉花種子中提煉而出的油脂，質地清爽不厚重，適合各種膚質使用。 · 富含不飽和脂肪酸及纖維素，適合敏感性及乾性膚質，同時有收斂肌膚功效。 · 有滋養肌膚之效，可預防老化。擦拭於皺紋上，還能恢復肌膚彈力。
大豆油	· 除了製作手工皂，也可當作按摩油使用。 · 常添加於油性肌膚用的手工皂中，泡沫細緻且起泡力持久。

種類	特性
葡萄籽油	· 含有維他命E及亞麻油酸，對肌膚幾乎不造成刺激，適合痘痘油性肌使用。 · 因成分中含亞麻油酸，若添加太多，夏日高溫時使用手工皂容易軟化變糊。
蓖麻油	· 黏度較高的油脂，因此製作透明手工皂時，可用來提高透明度。 · 起泡力高、泡沫綿密，可保肌膚水嫩柔軟。
葵花籽油	· 適合所有膚質使用，可用來舒緩肌膚。 · 製作手工皂時，若添加過多會讓trace時間較久，冷卻凝固硬化時間也較長。 · 因成分中含亞麻油酸，若添加太多，夏日高溫時使用手工皂容易軟化變糊。
大麻籽油	· 除了海鮮提煉出的油脂之外，唯一含有omega-3（次亞麻油酸）、omega-6（亞麻油酸）的油脂。 · 成分中含維他命E、植物固醇，因此適合用來滋潤乾燥肌膚。 · 保存期限較短（6個月以內）。
榛果油	· 可快速滲透肌膚，保濕度又高，具有收斂肌膚、收縮毛孔之效。 · 適合油性膚質、痘痘肌或是常有粉刺等困擾的膚質。
紅花籽油	· 含有豐富的維生素及礦物質，可強化毛髮、預防落髮。 · 由於會讓肌膚稍稍乾燥，因此建議與酪梨油等油脂混合使用。

使用手工皂最大的目的，是希望能夠徹底清潔肌膚，讓肌膚得到滋潤修護。就算添加以上這些含有營養成分、功效的基底油，還是無法將手工皂作為醫療用途使用。若有肌膚健康問題，建議還是要洽詢專科醫生。

5

各基底油的皂化值

各種基底油的皂化值

何謂皂化值？

以1g油脂（基底油）製作肥皂時，氫氧化鈉（NaOH）或是氫氧化鉀（KOH）所需的重量。以g為標示的數值，即為皂化值。每份資料的數據都略有不同，此處是以製作CP手工皂（固體皂）的氫氧化鈉數值，以及製作液體皂時使用的氫氧化鉀數值為基準。而將香草浸泡至油中，以溶解出脂溶性成分的浸泡油，參考的皂化值則以浸泡時所用的油為準。透過網路上的「手工皂配方計算」公式，也可輕鬆計算出所需皂化值。

計算皂化值

將氫氧化鈉皂化值，乘上1.4倍，即為製作液體皂的氫氧化鉀皂化值。

油脂重量 × 皂化值＝氫氧化鈉或氫氧化鉀所需量

油脂	氫氧化鈉值	氫氧化鉀值	油脂	氫氧化鈉值	氫氧化鉀值
椰子油	0.190	0.266	橄欖油	0.134	0.188
棕櫚（紅棕櫚）油	0.141	0.197	月桂油	0.155	0.217
綠茶籽油	0.137	0.192	核桃油	0.135	0.189
苦楝油	0.139	0.195	小麥胚芽油	0.131	0.183
月見草油	0.136	0.190	芥花油	0.124	0.174
山茶花油	0.136	0.190	胡蘿蔔籽油	0.134	0.188
豬油	0.138	0.193	可可脂	0.137	0.192
夏威夷果仁油	0.139	0.195	棉籽油	0.138	0.193
米糠油	0.128	0.179	大豆油	0.135	0.189
黑芝麻油	0.133	0.186	葡萄籽油	0.126	0.176
杏桃核仁油	0.135	0.189	蓖麻油	0.128	0.179
甜杏仁油	0.136	0.190	葵花籽油	0.134	0.188
乳油木果脂	0.128	0.179	大麻籽油	0.134	0.188
酪梨油	0.133	0.186	榛果油	0.135	0.189
玉米胚芽油	0.136	0.190	紅花籽油	0.136	0.190

6
手工皂術語

皂化值

以1g油脂（基底油）製作肥皂時，氫氧化鈉（NaOH）或是氫氧化鉀（KOH）所需的重量。以g為標示的數值，即為皂化值。將氫氧化鈉皂化值乘上1.4倍，即為製作液體皂的氫氧化鉀皂化值。每份資料的數據，都略有不同。

攪拌

將鹼液倒入基底油後，均勻混合兩者的過程。製皂程序中重要的環節之一，若沒有將其均勻攪拌，可能會成為製作手工皂失敗的原因之一。

trace

英文原意為「痕跡」、「蹤跡」，在此則引申為當油脂與鹼液作用後，開始變成濃稠狀的皂液，可於其上畫出痕跡的時間點。當皂液變成如濃湯般的黏稠度時，用矽膠刮刀沾取一些皂液，並可在皂液表面看到沾取的痕跡時，便可稱為trace狀態。進到trace狀態的所需時長，根據外在環境、皂液溫度、使用材料等因素，都會有所不同。例如椰子油、棕櫚油、蓖麻油、米糠油等油脂，能較快進入trace狀態，但橄欖油、芥花籽油等，則所需時間較長。

trace階段

第一階段： 當皂液滴下時，痕跡很快消失。

第二階段： 可短暫看到皂液滴落所造成的痕跡，但會慢慢消失。

第三階段： 可用刮刀上的皂液拉出粗線條，痕跡會慢慢變細但不會消失。

第四階段： 皂液拉出的粗痕線條可一直保留。

第五階段： 已達可用湯勺舀取盛放的黏度。

減鹼

根據皂化值計算出所需氫氧化鈉的量之後，再將其減量的手法。此舉是為了增加皂化作用後所剩餘的油脂量，進而提升保濕功效。一般而言，約減少原氫氧化鈉用量的5%以下，再根據季節與膚質作調整進行減鹼。不過，若過度減鹼，會讓手工皂的保存期限變短。因此，手工皂配方中的飽和脂肪酸，若不到50%的情況下，便不建議減鹼。本書中的手工皂製作配方，都沒有減鹼，而是以純度98%的氫氧化鈉作為替代。

超脂

製作CP皂時，皂液進到trace狀態後，額外添加油脂的手法。此舉可用來添加高單價的油脂，或是增加皂化作用後所剩餘的油脂量，進而能製作出品質穩定的肥皂，並提升保濕功效。由於跟減鹼皂一樣，較易氧化變質，因此建議添加量保持在總油脂量的3%以下。

保溫

為了讓皂化作用穩定進行，成功製作出手工皂，便必須維持在一定溫度之下。最常見的手工皂製作份量約為1kg，當製作的量越少，保溫的重要性越高；相反來說，製作量越大，控制溫度的方法，就是簡單將模具的蓋子打開散熱即可。保溫箱或是保麗龍箱裡的溫度，建議保持在30℃左右。

果凍效應

在保溫過程間，皂化作用過於激烈所產生的熱能，導致皂液變成透明如果凍狀態的現象，稱之為果凍效應。特別容易發生在皂液過度trace，或是保溫溫度過高的情形，也就是當基底油跟鹼液各自的溫度都過高，或是過度攪拌的狀況。此效應下，會讓手工皂容易變質，並過度排出甘油。設計花樣較繁複的手工皂，盡量避免果凍效應的產生。

乾燥

冷製法（CP皂）製成的手工皂，在保溫後，必須進行切割以及乾燥的程序。避開陽光直射，放置在陰涼通風處至少3週以上時間，待其風乾。充分乾燥後的肥皂，經過真空包裝，可以長期良好地保存。

白粉

保溫程序結束後，在手工皂外層會浮現的一層白色粉末。單純只是外觀上的賣相不佳，但並不影響使用。

7

注意事項

使用氫氧化鈉的注意事項

氫氧化鈉具有強鹼性，為避免直接接觸到肌膚，建議穿著長袖衣物，或是戴上袖套、防護眼鏡、手套等裝備後再取用。若肌膚接觸到鹼液，會對肌膚造成刺激，甚至造成灼傷，此時請用大量的水沖洗後，於傷口敷上稀釋後的醋或是檸檬酸。

溶解氫氧化鈉時，務必將氫氧化鈉放入水中溶解，而非將水倒在氫氧化鈉上，否則會引起強烈反應導致溶液濺起而造成危險。溶解氫氧化鈉時釋出的氣體具有毒性，盡量避免吸入。另外，溶解反應時溫度會升高，也要小心有灼傷的危險。

溶解氫氧化鈉的步驟，須在不鏽鋼、耐熱玻璃、聚丙烯塑膠（PP）材質的容器中進行。而會與氫氧化鈉產生反應的鋁製容器，或是厚度過薄的塑膠容器、聚碳酸酯（PC）製品都有可能會被鹼液溶穿導致危險。

測量並取出正確用量的氫氧化鈉後，務必將蓋子旋緊蓋上，並將其保管於寵物或小孩碰不到的安全處。氫氧化鈉會與空氣中的水分產生反應，因此若未將蓋子緊蓋上，會導致潮解。

使用精油的注意事項

高濃縮的純精油，請避免與肌膚有直接的接觸。由於對肌膚和黏膜會造成刺激，請小心取用，並請勿誤食。同時，精油具高度揮發性，保存時蓋子須緊閉，並選用可遮光的容器，放置在避免光線直射與高溫的環境，以及寵物、小孩碰觸不到的安全位置。

製皂小撇步

去除溶解氫氧化鈉時的刺激氣味

本書中，以利用冰塊來溶解氫氧化鈉的方式製作出鹼液。透過此方法，便不會產生溶解氫氧化鈉時釋出的有毒氣體，也可以跳過等待鹼液降溫的步驟。

在旋轉蓋容器（聚丙烯塑膠材質）中，加入溶解步驟所需總水量80%的冰塊，剩餘的20%則加入水，接著將氫氧化鈉放入後，立刻旋緊蓋子，將容器上下左右搖一搖，使其能均勻溶解。如果不立刻搖晃容器，可能會有溶解未完全的氫氧化鈉顆粒，此時將其放置約莫5分鐘後，便可全部溶解。

鹼液的溫度高低，對於手工皂的成功與否，並不會有太大影響。自行以精製水、蒸餾水製作，或是一般市面上販賣的衛生冰塊都可以拿來使用。

手工皂的保溫

製作CP手工皂時，過程雖然重要，但保溫步驟才是關鍵之一。這裡所謂的保溫，並非指物理上的加熱步驟，而是在皂化作用過程中，透過適當的調節周邊環境，讓皂液溫度能夠自然地升降溫的步驟。就算完全按照著製作指示進行，若在保溫過程中稍有不注意，就有可能會做不出預想中的成品。

如何確認製皂環境的溫度，找出不同季節下，屬於自己獨有保溫方法，是製皂的必備技能。畢竟，就算同樣的手工皂配方，根據當下溫度、濕度、保溫狀態等眾多因素的不同，製作出的成品也都會有些許差異。

一般而言，保溫步驟都需經過24小時以上完成。不過倘若在24小時內皂化作用完成，皂液溫度也已自然下降，保溫步驟也可算成功。要經過24小時，皂化作用才會完成，溫度才會下降，是固有觀念，硬要把保溫箱或保麗龍箱放到24小時那麼久，其實是很沒有意義的。

去除白粉的方法

白粉是指手工皂完成後，覆蓋於表層白色的物質。通常此現象發生在皂液trace不足，或是保溫步驟時的濕度過高，或者是其他原因。不過這單純會使外觀上賣相不佳，但並不影響使用。

要避免白粉現象發生，有些坊間方法是在將皂液倒入模具後，噴上異丙醇（Isopropyl alcohol）（99%），或是保溫步驟結束後，再用蒸氣蒸一下等等。不過，就算應用了這些技巧，若是皂液本身trace不足，或是保溫中濕度過高，仍是會有白粉現象產生。

想要去除掉手工皂表面上的白粉，推薦大家可以在將手工皂從模具取出前，用水沖洗手工皂表面。（請勿以手去搓洗）沖洗後，輕輕地將手工皂表面多餘的水分拭去，等待完全風乾後，便可將其取出，裁切至所需的尺寸。

沖洗前　　　　　　　　　　　　沖洗後

裁切手工皂的方法

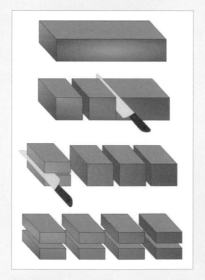 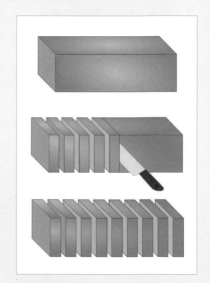

橫切

為保留手工皂表面樣式的完整，以橫切方式。

縱切

為保留手工皂剖面樣式的完整，以縱切方式。

蓋皂章的方式

比起在裁切完手工皂後立刻蓋上皂章，不如過一天後，再進行此步驟，皂章會更清晰好看。若手工皂仍呈現鬆軟的狀態，就會需要等待更長的時間。根據配方與手工皂表面硬化的程度，時間會有所不同。

方法1

先將皂章噴上少許酒精，確認欲蓋章的位置，將皂章輕壓蓋章。確認皂章壓印的深度是否一致，如果沒問題，便可將皂章由下往上，小幅度地左右搖晃以方便拔起。

方法2

先將皂章噴上少許酒精，確認欲蓋章的位置，接著用一手固定好皂章位置，另一手以小鎚子輕輕地敲打皂章中心位置，再往左右兩邊輕輕敲打，便可小心將皂章取下。如果敲打太大力，可能會造成皂章損壞。

方法3

如果需要沾亮粉蓋章，在皂章沾滿亮粉後，記得要將其稍稍傾斜輕拍幾下，抖落多餘亮粉。確認欲蓋章的位置，平均施力於皂章上蓋印，再小心取下即可。

如何清洗手持攪拌棒

製皂過程中，沾到顏料、添加物或是其他皂液，以及完成製皂作業後，都需要好好清洗攪拌棒。在不鏽鋼量杯中裝入熱水，置入攪拌棒，並啟動最小模式，接著就可以關掉取出，用紙巾擦拭水分後使用。擦拭時，要把攪拌棒電源關閉或是從機身取下，以策安全。如果製皂過程時間太長，量杯中的熱水變冷，導致攪拌棒清洗不乾淨，可利用加熱工具再次將量杯中的水升溫再清洗，讓水在製皂過程中重複使用。

如何清洗量杯和其他工具

製皂完後，將量杯和工具都先放置一天。隔天將水倒入量杯等待一段時間，可讓殘餘的皂液溶在水裡，最後用水沖洗晾乾。如果量杯或工具上有油脂殘留，可以用洗碗精搓洗後，再沖水晾乾。

氫氧化鈉的丟棄處理

需要處理鹼液廢棄物時，務必加入食醋等弱酸性溶液，使其酸鹼中和後，才能丟棄。若是尚未使用的固體氫氧化鈉，也請先溶於水中並行酸鹼中和後，再丟棄。氫氧化鈉在法律上定義為食品工業用化學藥品，因此需按照法規處理廢棄物法，例如先中和等再丟棄。

9

CP皂製法步驟

1. 決定手工皂類型

先決定要製作什麼樣的手工皂。

2. 設定好需要油脂的總份量

製作1kg的手工皂，約需要700～750g的油脂。剩下的便是水、氫氧化鈉、添加物等成分的份量。

3. 決定椰子油與棕櫚油（飽和脂肪酸）的用量

為了手工皂的起泡力和硬度，此兩種為必備的基底油，可根據季節與膚質調整比例。椰子油無論選用冷壓初榨，或是一般精製等級，都沒有影響。下表為椰子油和棕櫚油比例的參考量，並非固定值。

油脂總量750g為例

膚質	椰子油	棕櫚油	所占總油脂量的比例
幼兒	105~120g	105~120g	28~32%
乾性	120~150g	120~150g	32~40%
中性	150~165g	150~165g	40~44%
油性	約180g	約180g	約48%
痘痘肌	約210g	約210g	約56%

4. 決定其他基底油（不飽和脂肪酸）的用量

決定好椰子油與棕櫚油的用量後，便可根據需要的手工皂功效，選取相對應的基底油。與其選擇加入很多不同的基底油，建議至多選擇3種可完全發揮效能的油種。將第二步的總油脂量減去第三步的用量，便可得出所需的剩餘份量。注意，手工皂的不飽和脂肪酸比例越高，成品的保存期限就會越短。

各功效相關的基底油

效能	推薦基底油
預防老化	綠茶籽油、夏威夷果仁油、酪梨油
頭皮養護	綠茶籽油、山茶花油、小麥胚芽油、大麻籽油
保濕	山茶花油、酪梨油、橄欖油、葵花籽油
過敏性肌膚	月見草油、山茶花油、橄欖油、大麻籽油
痘痘	綠茶籽油、芥花籽油、榛果油
洗淨效果	杏桃核仁油、甜杏仁油

5.決定水的用量

此步驟為溶解氫氧化鈉所需的水量。可選用精製水、蒸餾水、過濾水、飲用水等，或是以咖啡原液、山羊奶、酒類（紅酒、米酒）等液體代替，自來水或食鹽水則不宜使用。水量多寡，取決於配方中飽和脂肪酸的比例。（可參考248頁中飽和脂肪酸比例與水量比例的對照表）

6.決定氫氧化鈉的用量

氫氧化鈉的用量，以基底油的用量乘以皂化值計算得出，接著再決定減鹼的比例。一般而言，建議比例為3～5%，不過近年來的趨勢是省略此步驟。若是配方中飽和脂肪酸的比例低於50%，便不建議減鹼。而本書中，則是以使用純度98%的氫氧化鈉取代減鹼。透過網路上的「手工皂配方計算」公式，可輕鬆計算出所需皂化值。

7.選擇添加物與用量

通常建議若是添加天然粉末添加物，份量約取手工皂總量的2%左右；若是糊狀物質，則約為1%左右。不過有時候為了能夠呈現出預想中的顏色，也會添加超過此建議的份量。但別忘記了，添加物是可以被省略的成分，所以就算添加了再優質的材料，手工皂仍不會有期待中的醫療效果。

8.選擇添加精油與用量

添加的精油量，約為手工皂總量的1～3%。若只添加了約1%的精油，可能經過4～6週的乾燥期，香味便會散逸，因此至少要添加2%的精油，才能維持淡淡的氣味。倘若添加到3%，之後每次使用都能夠維持香氣，可作為香氛皂使用。

各功效相關的精油

膚質或狀況	推薦精油
乾性	玫瑰草、廣藿香
敏感性	天竺葵、薰衣草
油性	佛手柑、絲柏、乳香、伊蘭
頭皮養護	迷迭香、穗花薰衣草、伊蘭、快樂鼠尾草
過敏	薰衣草、洋甘菊、茶樹
痘痘	薰衣草、檸檬草、絲柏、茶樹

PART 1

———

任何人
都能輕鬆完成！

MP皂

製作MP皂前的小叮嚀

◎ 將皂基切成小塊後再行熔解

將皂基切小塊再熔解，可以節省熔解的時間。

◎ 以小火慢慢加熱熔解，若沒有加熱工具，可用微波爐取代

若選用不鏽鋼量杯熔解，請以一般加熱工具加熱；以微波爐加熱時，請選用聚丙烯塑膠（PP）容器。不過如果容器材質為耐熱玻璃（派熱克斯），加熱工具或是微波爐皆可使用。也可將水加熱後再熔解。

◎ 預計添加至皂液的粉末，請先加進水中溶解

將製作皂液的水量，藉微波爐加熱後，放入欲添加的粉末物質攪拌，比較容易溶解。皂基熔解後，添加5～7%的水量，可防止手工皂完成後，表面會滲出水珠的現象產生。不過若是透明皂基，因成品質地偏軟，則可以省略此步驟。

◎ 添加精油至皂液中

添加約1%比例的精油或香精至皂液中，可增添手工皂香氣。然而此類添加物，有時會影響成品的透明度，所以如果想製作高透明感的手工皂，建議省略此成分。

◎ 均勻混合已溶解的粉末及皂液

· 先將粉末狀的食用色素、天然成分粉末、皂用色粉等，以少量的水完全溶解開後，再加入皂液，便能得出光滑無顆粒的成品。

· 液態或是凝膠狀的食用色素，或者是雲母粉，都可以直接加入皂液中。

· 雖然白色皂基是白的，不過若將二氧化鈦粉（皂用）與水以1：2比例調和，取少量添加，此時再加入其他色素，便能消除透明感，而得到霧面感的彩色手工皂。

先將模具噴上酒精，能讓皂液快速並均勻散開

使用具有細緻花紋圖案的模具時，可以先噴灑酒精在模具中，再將皂液倒入。如此一來，皂液便可藉著與酒精的融合，快速延展至各個縫隙，以得到最完整花紋的成品。請不要誤會這個步驟是為了消毒模具。

倒皂液至模具中

皂液入模時的溫度，雖然依據手工皂種類，有些許差異，不過基本上來說，MP皂入模的建議溫度落在56～65℃之間。

表面噴上酒精，可以去除氣泡（如果表面沒有氣泡則可省略）

食用酒精或是無水酒精都可使用，而有時為了維持透明皂的透明度，此步驟也可省略。

當手工皂完全凝固後，即可脫模

若置於室溫下，等待完全凝固的時間太長時，可以先放到冰箱中，縮短凝固的時長。不過根據狀況不同，有時放在室溫下慢慢等待凝固也是必要的，例如透明皂若放到冷凍庫中加速凝固，可能就會影響透明度表現。

以皂用保鮮膜包起後保存

．用保鮮膜包好後，可以維持手工皂的乾爽。

．保存透明皂的方法，可以放到真空袋中，以真空保存。除了能夠提高透明度，還能維持長時間的透明狀態。

基本MP皂

MP Basic Soap

成分
ingredient

成品份量：約1個80g

材料	用量	備註
白色皂基	75g	一
水	5g	白色皂基用量的7%
香精	1ml	香蕉
天然粉末	2g	湯之花溫泉粉
	1g	南瓜粉
酒精噴霧	少許	去除氣泡

基本工具
basic tools

加熱工具、微波爐

電子秤、電子溫度計

量杯、湯匙、丁腈手套、裁切用刀具

矽膠製模具（香蕉樣式）

1

將白色皂基切成小塊。

2

以電磁爐小火慢慢加熱熔解。

3

將湯之花溫泉粉與南瓜粉加入水中（稍後要加入皂液中的），均勻攪拌使其溶解。

4

皂液中倒入香精，稍微攪拌。

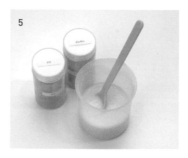

5

在步驟3中已經溶解均勻的色素中，加入皂液，並均勻攪拌。

6

先在矽膠模具上噴少許酒精，方便皂液倒入時，能夠快速並均勻流向各處。

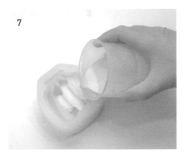

7

當皂液溫度降到60～65℃時，便可倒進模具內。

8

表面噴上少許酒精，以去除表層氣泡（若無氣泡產生，此步驟可省略）。

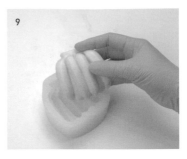

9

手工皂完全凝固後，便可從模具中取出。

10

以保鮮膜包裝後保存。

tip

○ 若手邊材料只有透明皂基，可將二氧化鈦粉（手工皂用）與純水以1：2的比例調勻，加入透明皂基，便可製成白色皂基使用。

○ 可以先將MP皂所需的色素塊一次製作準備好，方便又省時。在透明皂基中，各加入不同顏色色素混合，倒入小圖案的模具中等待凝固，接著將不同顏色的色素塊分別密封保存。需要的時候，拿出所需的顏色色素塊，丟幾顆到皂基中，就能得到想要的顏色。如此一來便可省去每次都要以水跟色素粉調和的麻煩步驟。

透明香草皂

Crystal Herb Soap

成分
ingredient

成品份量：約1個105g

材料	用量	備註
透明皂基	110g	—
乾燥香草（矢車菊）	少許	可用永生花取代
酒精噴霧	少許	去除氣泡

基本工具
basic tools

加熱工具、微波爐

電子秤、電子溫度計

量杯、湯匙、丁腈手套、裁切用刀具

矽膠製模具（四方型樣式）

鑷子、竹籤

1

將透明皂基切成小塊。以電磁
爐小火慢慢加熱熔解。

2

先把所需的乾燥香草，或是永
生花取出預備。

3

在模具內，擺放所需的乾燥香
草。

4

當皂液溫度降到58°C時，便可
倒進模具內。

5

利用鑷子或竹籤調整矢車菊的
位置。

6

表面噴上少許酒精，以去除表
層氣泡。

7

以塑膠製湯匙快速刮除表面上形成的薄膜。

8

表面再次噴上少許酒精，以去除表層氣泡（若無氣泡產生，此步驟可省略）。

9

手工皂完全凝固後，便可從模具中取出。

10

成品取出後，若表面不夠光滑，可用刀具薄薄地裁切掉粗糙處，再以保鮮膜包起保存。

tip

○ 為了維持透明度，捨去添加精油成分。

○ 如果皂液溫度太高，或是時間過太久，都有可能讓香草變色。

○ 除了矢車菊以外，紅花、金盞花、茉莉花、迷迭香等乾燥香草都可以加入。

驅蟲草皂

Anti-Bug Soap

成分
ingredient

成品份量：約1個35g，共2個

材料	用量	備註
透明皂基	80g	也可用晶透皂基取代
水	4g	透明皂基用量的5%
精油	2.5ml	香葉醇
食用色素	少許	—
酒精噴霧	少許	去除氣泡
裝飾用繩子	2條	裝飾用

基本工具
basic tools

加熱工具、微波爐

電子秤、電子溫度計

量杯、湯匙、丁腈手套

矽膠製模具（冰淇淋樣式）

冰棒棍

香葉醇精油

香葉醇是為特定目的，而從玫瑰、香茅、檸檬草、天竺葵、玫瑰草等植物中萃取而出的香精油，常作為高價位的玫瑰精油替代品。香氣淡而柔和，帶有玫瑰氣味為其特徵。另外，也常添加於驅除蚊子、昆蟲等殺蟲劑中，歐美地區標榜的天然殺蟲劑中，其實就是添加了香葉醇的成分。炎炎夏日中，可以將此原料添加入蠟燭、擴香瓶或是空氣芳香噴霧中，以驅逐蚊蟲。

將透明皂基切成小塊。以電磁爐小火慢慢加熱熔解。

皂基熔化後，將水倒入攪拌。

接著滴入精油，再次攪拌。

冰棒棍放進模具中做準備。

將皂液分成3等份，每份28g。並將其中2份加入喜歡的色素調色。

當皂液溫度降到60℃時，將2個不同顏色的皂液，由兩端各倒進模具內約莫½的量。

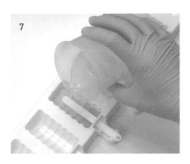

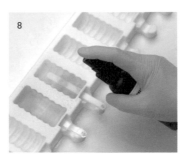

接著將透明皂液加至兩色的交界處，並加到滿。再用同樣手法製作另外一個。

表面噴上少許酒精，以去除表層氣泡（若無氣泡產生，此步驟可省略）。

手工皂完全凝固後，便可從模具中取出。

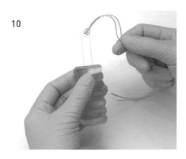

將繩子綁上冰棒棍後，即可掛在需要之處。

tip

○ 若掛在室外太過空曠的空間，驅蟲草皂便無法完全發揮效能。

○ 為了驅逐蚊蟲而製作此手工皂時，必須添加肥皂總量約2～3%的天然精油。但禁止使用人工化學香精。

○ 精油混合比例推薦
檸檬草 20%
香茅 10%
尤加利 20%
天竺葵 50%

花崗岩皂
——————
Terazzo Soap

成分
ingredient

成品份量：約550g

材料	用量	備註
透明皂基	480g	一
水	24g	透明皂基用量的5%
精油	5ml	薰衣草
天然粉末	少許	備長炭粉
液狀二氧化鈦（手工皂用）	少許	二氧化鈦粉以水溶開
小塊香皂丁	50g	各種顏色的皂邊或皂屑
酒精噴霧	少許	去除氣泡

基本工具
basic tools

加熱工具、微波爐

電子秤、電子溫度計

量杯、湯匙、丁腈手套、裁切用刀具

矽膠製模具（500g或1kg容量）

將透明皂基切成小塊。以電磁爐小火慢慢加熱熔解。

把皂邊或皂屑切成小丁備用。

先把備長炭粉與水攪拌均勻後，倒入皂液，接著再加進少量液狀二氧化鈦，調出深灰色的皂液。

當皂液溫度降到55℃時，把步驟2切好的皂塊丁全部倒入，並均勻攪拌。

將精油滴入皂液中。

把皂液全數倒入矽膠模具中。

7

表面噴上少許酒精，以去除表層氣泡（若無氣泡產生，此步驟可省略）。

8

手工皂完全凝固後，從模具中取出。將4面都切整至平面光滑。

9

以保鮮膜包覆後即完成。

tip

○ 可以把手工皂修完邊角後剩下的殘料，或是剩下的皂塊收集起來之後再利用。

○ 無論是MP皂、CP皂（已經風乾完成的）所剩下的皂角、皂屑，都可以拿來使用。但要注意，MP皂的殘料，如果遇到溫度過高的皂液，或是殘餘的體積太小時，有可能會熔解。

○ 如果皂液溫度太高，皂塊丁可能會全部浮到上層，因此最好保持皂液溫度在55°C。若皂塊丁來自CP皂，則溫度需維持在60°C。

○手工皂成品的每個平面最好都經過修整，才能展示出最好的視覺效果。

清新薄荷皂

Cool Menthol Soap

成分
ingredient

成品份量：約1個60g，共2個

材料	用量	備註
透明皂基	120g	也可用晶透皂基取代
水	6g	透明皂基用量的5%
精油	1ml	綠薄荷（可省略）
食用色素	少許	—
薄荷醇	3.5g	透明皂基用量的3%
酒精噴霧	少許	去除氣泡

基本工具
basic tools

加熱工具、微波爐

電子秤、電子溫度計

量杯、湯匙、丁腈手套、裁切用刀具

矽膠製模具（長方型樣式）

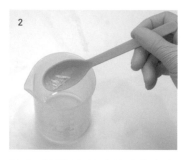

將透明皂基切成小塊。以電磁爐小火慢慢加熱熔解。

將水（要添加入皂液中的）加熱至約莫30℃，加入薄荷醇使其完全溶解。

精油滴入皂液中，均勻攪拌。

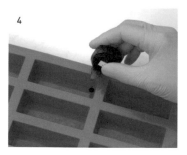

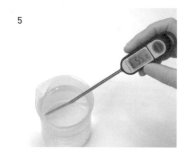

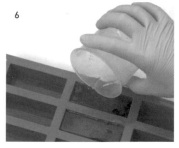

在模具中的每一格格子，某一角落或是中心點，滴上一滴喜歡的食用色素。

當皂液溫度達到60℃，把薄荷醇水溶液加進後均勻攪拌。

把皂液對準模具中每格滴上色素的地方倒入，盛滿每一空格。

7

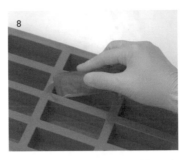

8

9

表面噴上少許酒精，以去除表層氣泡（若無氣泡產生，此步驟可省略）。

手工皂完全凝固後，從模具中取出。

成品如果有表面粗糙不平之處，可簡單修整外形使其平整。

10

以保鮮膜包起後保存。

tip

○ 如果用太高的溫度來溶解薄荷醇，就會失去大部份的清涼感。盡量用不冷不熱的溫水，或是少量的酒精溶解。

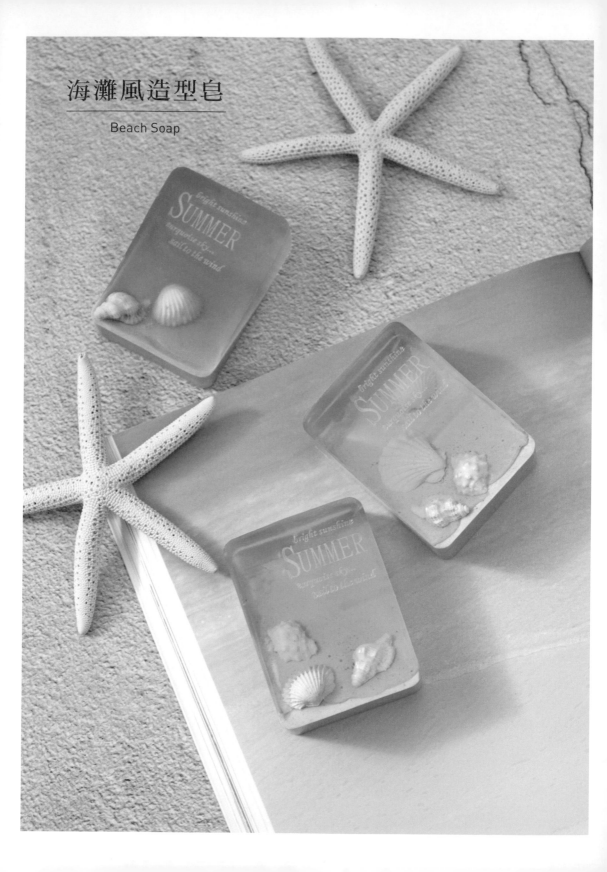

海灘風造型皂

Beach Soap

成分
ingredient

成品份量：約1個110g

材料	用量	備註
晶透皂基	75g	也可用透明皂基取代
白色皂基	40g	一
水	3g	用來溶解粉末
精油	1ml	薄荷
食用色素	少許	藍色或薄荷綠
天然粉末	少許	諾麗果粉（可用檀木粉取代）

基本工具
basic tools

加熱工具、微波爐

電子秤、電子溫度計

量杯、湯匙、丁腈手套

矽膠製模具（四方型樣式、貝殼樣式）

墊高模具一邊，使其傾斜的支撐架（500g容量模具的蓋子）

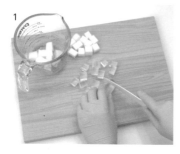

將晶透皂基與白色皂基切成小塊。各自以電磁爐小火慢慢加熱熔解。

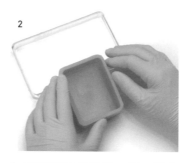

為了讓模具能傾斜一側，將支撐架固定於模具底下，擺放模具至最大傾斜角度備用。

水中加入諾麗果粉，將其溶解。

將約35g的白色皂基倒入步驟3的水溶液中，並加入⅓的精油（約7滴）後，攪拌均勻。

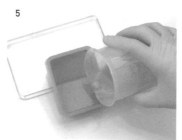

將步驟4的皂液倒進傾斜的模具中，至接近溢出的狀態，待其凝固。必須剩留一些皂液於下個步驟中使用。

為了做出貝殼造型，將步驟5剩下的皂液，與剩餘的白色皂基混合攪拌後，倒入貝殼造型模具。

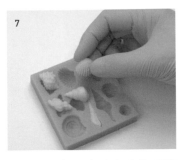

7

貝殼造型模具中的皂液若已凝
固，便可取出。

8

在已完全熔化的晶透皂基中加
入食用色素。

9

接著加入剩下的精油，並攪拌
均勻。

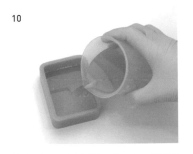

10

當皂液溫度達到65℃時，將剛
才傾斜的模具擺平，噴上少許
酒精後，倒入步驟9的皂液，
至當作沙灘的白色皂塊露出些
許邊緣。

11

擺放貝殼造型皂塊至適當位
置。

12

待其完全凝固後，便可從模具
中取出，以保鮮膜包起保存。

tip

o 要讓成品更光滑，步驟10可省略噴灑酒精的動作。
o 若手邊只有透明皂基，可將二氧化鈦粉（手工皂用）
  用水溶開後，混合一起，便可用來代替白色皂基。

落葉造型皂

Fallen Leaves Soap

成分
ingredient

成品份量：約1個110g，共2個

材料	用量	備註
晶透皂基	240g	可用透明皂基取代
雲母粉	少許	紅色、橘色、橄欖綠、黃色、墨綠
酒精	少許	去除氣泡

基本工具
basic tools

加熱工具、微波爐

電子秤、電子溫度計

量杯、湯匙、丁腈手套、裁切用刀具

矽膠製模具（四方型樣式、葉片樣式）

將晶透皂基切成小塊,以電磁
爐小火慢慢加熱熔解。

取出約50g的皂液,加入雲母
粉,做出落葉造型所需的各種
顏色皂液。

將步驟2的皂液倒入葉子造型
的模具中,高度大約維持在2～
3mm較為適當,以做出薄葉
效果。

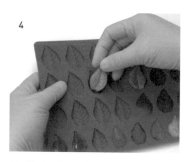

葉片皂塊要在完全凝固前取
出,便可呈現具自然感的彎曲
狀。

把葉片皂塊,從底層開始鋪
起,以交錯層疊的方式擺入四
方格模具中。

當皂液達到60℃時,先在葉片
皂塊上均勻噴上酒精。

7

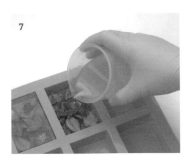

接著，小心倒皂液入模具內，盡量不要移動到剛剛葉片皂塊的位置。

8

表面噴上少許酒精，以去除表層氣泡（若無氣泡產生，此步驟可省略）。

9

手工皂完全凝固後，便可從模具中取出。

10

成品如果有表面粗糙不平之處，可簡單修整外形使其平整後，以保鮮膜包起保存。

tip

○ 為了維持透明度，可不添加精油。

雪花造型皂

Winter Snowflake Soap

成分
ingredient

成品份量：約1個110g

材料	用量	備註
晶透皂基	110g	可用透明皂基取代
精油	1ml	薰衣草
珠光粉	少許	藍色、紫色、白色
液狀二氧化鈦（手工皂用）	少許	二氧化鈦粉以水溶開
酒精噴霧	少許	去除氣泡

基本工具
basic tools

加熱工具、微波爐

電子秤、電子溫度計

量杯、湯匙、丁腈手套

矽膠製模具（四方型樣式、雪花樣式）

鑷子

1

將晶透皂基切成小塊。以電磁爐小火慢慢加熱熔解。

2

在已完全熔化的皂基中，加入水攪拌混合。

3

皂液中倒入精油後，繼續攪拌。

4

取出約10g的皂液，並添加少量液狀二氧化鈦製作出白色的皂液。

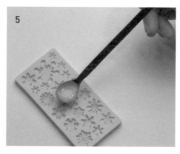

5

將模具充分噴上酒精後，在雪花形狀的模具中，倒入步驟4的皂液並待其凝固。

6

當皂液完全凝固後，便可將雪花皂塊取出備用。

7

分裝各40g的皂液至兩個量杯中，各自加入藍色與紫色的珠光粉均勻攪拌。

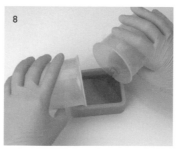

8

當皂液溫度達到60℃時，將兩個不同顏色的皂液，由四方型模具的斜對角同時倒入。

9

當表面稍微凝固後，噴上少許酒精。

10

步驟6中已備好的雪花皂塊，以鑷子取放在適當的位置，輕壓固定。

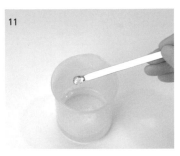

11

在剩下的皂液中，倒入白色珠光粉均勻攪拌。

12

當皂液溫度達到65℃時，分批少量地鋪滿在剛剛裝飾好的雪花皂塊上。

13

手工皂完全凝固後，便可從模具中取出。

14

以保鮮膜包起保存。

tip

○ 要讓成品更光滑，步驟9可省略噴灑酒精的動作。

寶石造型皂

Jewelry Soap

成分
ingredient

成品份量：約1個95g

材料	用量	備註
晶透皂基	100g	也可用透明皂基取代
精油	1ml	迷迭香
食用色素	少許	薄荷綠
雲母粉	少許	金色或是棕色
天然粉末	少許	備長炭粉
液狀二氧化鈦（手工皂用）	少許	二氧化鈦粉以水溶開
酒精噴霧	少許	去除氣泡

基本工具
basic tools

加熱工具、微波爐

電子秤、電子溫度計

量杯、湯匙、丁腈手套

矽膠製模具（寶石樣式）

烘焙紙、鑷子、雲母粉專用噴霧器

將透明皂基切成小塊。以電磁爐小火慢慢加熱熔解。

雲母粉填入專用噴霧器中備用。

皂液各盛出3g，分裝至兩個容器中各自調色。一個加入備長炭粉調成黑色，另一個則加入液狀二氧化鈦調和成白色。

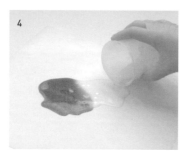

桌上平鋪烘焙紙，將步驟3的兩個皂液以相鄰的方式倒於其上，形成一層薄片後，噴上少許酒精。

剩餘的皂液中，倒入精油攪拌。

再將這些皂液分成兩等份，一半保留透明狀態，另一半則加入色素調成薄荷綠。

利用鑷子，剝取下烘焙紙上略微凝固的皂片。

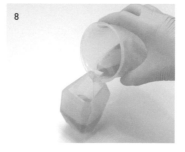

當皂液溫度達到65℃時，把薄荷綠色的皂液倒入寶石模具中。

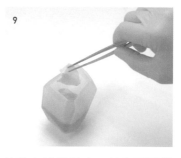

接著在該模具中，放入剛剛從烘焙紙上剝下的皂片約2～3片。

10

在模具皂液的表面上，噴上少許雲母粉。

11

倒入一半透明的皂液，再次噴上雲母粉後，將剩餘的透明皂液全數倒入。

12

最後再加入幾片剛剛剝下的皂片，將位置稍微調整到看起來最自然的狀態。

13

表面噴上少許酒精，以去除表層氣泡（若無氣泡產生，此步驟可省略）。

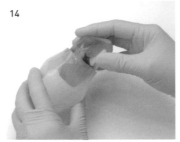

14

手工皂完全凝固後，從模具中取出，以保鮮膜包起保存。

tip

○ 完成的手工皂可先在水龍頭下輕輕搓洗，再用純水沖洗一遍，接著用廚房紙巾小心去除表面的水氣後，以保鮮膜包覆保存，可更顯光亮和透明。

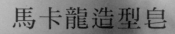

馬卡龍造型皂

Macaron Soap

成分
ingredient

成品份量：約1個30g，共3個

材料	用量	備註
白色皂基	85g	餅皮用
	15g	夾心用
水	4g	餅皮用
	10g	夾心用
精油	1ml	檸檬
食用色素	少許	薄荷綠、紫色、粉紅色
液狀二氧化鈦（手工皂用）	少許	二氧化鈦粉以水溶開
玉米粉	10g	—

基本工具
basic tools

加熱工具、微波爐

電子秤、電子溫度計

量杯、湯匙、丁腈手套

矽膠製模具（馬卡龍樣式）

迷你奶泡器、塑膠擠花袋、圓形擠花嘴、剪刀

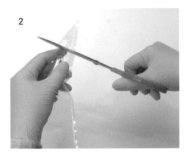

將白色皂基切成小塊。以電磁爐小火慢慢加熱熔解。

將塑膠擠花袋套上圓形擠花嘴後備用。

在已熔化的皂液中加入水攪拌。

接著再加入精油均勻攪拌。

六片的餅皮，大約需85g重的皂液。其中加入4g的水以及液狀二氧化鈦，以及三種不同的色素。

將皂液倒入模具中，待其完全凝固後取出。

7

8

9

製作夾心用的皂液，則需15g，另外加上10g的水與玉米粉，並用奶泡器打發。

將剩下的皂液（用來黏接餅皮與夾心）重新加熱，至稍微燙手的程度。

當用來做夾心的皂液打發至質地如鮮奶油狀後，倒入擠花袋中。

10

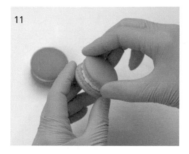

11

12

將步驟8的皂液沾取少許抹在餅皮上後，擠上夾心。

夾心上再沾取少許黏接用皂液，將另一半餅皮組合起來，稍稍施一點力幫助固定即可完成。

重複10～11的步驟，製作剩下的兩個，便可用保鮮膜包起保存。

tip

○ 步驟8再次加熱的皂液，是用來將餅皮與夾心密合的重要角色。

○ 製作完MP皂後，殘餘的皂液不要丟掉，可以倒進餅皮模具中，下次只要製作夾心部分的皂液，即可輕鬆完成馬卡龍皂。

○ 夾心的皂液如果冷卻變硬，可以利用微波爐加熱熔解後再次打發。

PART 2

———

以對身體好的
植物性油脂
製皂！

簡易CP皂

製作CP皂前的小叮嚀

○ **不執行減鹼**

· 製皂用的試藥級氫氧化鈉，純度都約落在98～93%之間，等同於減鹼2%～7%的效果。而且，氫氧化鈉與空氣接觸作用下，純度會慢慢降低。

· 本書中以純度98%為準，減少的那2%，已將減鹼效果計算後補上。

○ **製作1kg的手工皂，需要700～750g的基底油**

· 水量若根據飽和脂肪酸的比例做調整，那麼油脂用量就會有所差異。

· 先將基底油中飽和脂肪酸含量高的油脂（如椰子、棕櫚、豬油等）取出所需用量，並加熱至60～62℃之間，接著再去準備其他油脂所需的用量，便可讓基底油有充分的時間降溫。

○ **基底油所需的溫度與飽和脂肪酸含量有關**

· 飽和脂肪酸比例較高的配方，需等到基底油溫度降低後，才能與鹼液進行攪拌。

· 若配方中的飽和脂肪酸比例高於43%，將基底油的溫度控制在30℃左右，便可減少皂化過程中的過熱現象。若飽和脂肪酸的比例較高，攪拌時的溫度再低一點也沒有關係。

○ **製作鹼液時，將冰塊和水一起加入混合，較為方便**

· 將用水量的80%以冰塊替代，便可節省等待鹼液降溫的時間。

· 冰塊可以選擇市售的冰塊，或是將過濾水、飲用水、純水、蒸餾水等冷凍過後使用。

· 手工皂中使用的水，無論選擇過濾水、飲用水、純水、蒸餾水等，都沒有影響。

· 如果想要讓鹼液溫度降更多，可以全部使用冰塊。

· 若要使用其它液體（如紅酒、山羊奶、某某原液等）取代水，也可以事先將材料冷凍過再使用。

· 製作手工皂時，鹼液本身的溫度並不會對成品造成太大的影響，維持與室溫差不多即可。

◎ 使用附上蓋子的聚丙烯塑膠（PP）材質容器製作鹼液，能安全並無臭味地進行

· 在容器中放入測量好的水量與冰塊量，加入氫氧化鈉後，立刻蓋上蓋子並均勻搖晃，便可製成鹼液。

· 若不立刻搖晃，可能會有溶解未完全的氫氧化鈉顆粒，但靜置一小段時間後，便可全部溶解。

· 也可用附蓋子的厚玻璃容器取代。

· 若要避免鹼液溫度升太高的情況（當以其它液體取代水時），可利用沒有蓋子的容器或是量杯，並將該液體100%用量全製成冰塊後，分批加入氫氧化鈉慢慢攪拌溶解。

◎ 建議以手持攪拌棒取代奶泡器

· 要讓基底油和鹼液完全混合均勻，建議使用手持攪拌棒而非奶泡器。

· 對於初學者而言，使用奶泡器可能會讓基底油和鹼液混合不完全，而導致成品失敗的情況出現，因此推薦使用手持攪拌棒。

◎ 精油或添加物等都可省略

· 製作1kg的手工皂，通常精油的添加量約抓在1～2%的比例。根據精油種類的不同，情況會有些差異，不過一般來說，添加2%左右，便可讓手工皂維持淡淡的香味一直到用完為止。

· 若要製作香氛手工皂，則可添加至3%。

· 精油與其他添加物（粉末、色素等），對製造手工皂的過程來說，都是額外的添加物，因此可省略不用。

◎ 保溫時的溫度，根據皂液本身的溫度、環境室溫以及季節，都會有所不同

· 夏天時，靜置在一般室溫中，就可以完成保溫步驟。

· 可置於保溫箱或是保麗龍箱中；根據箱子內的溫度高低，也可能會有需要打開保溫箱的門或是蓋子的情形出現。

· 在夏天或是在冬天製皂，室溫差異很大，因此最好先量測環境的溫度。

基本CP皂

CP Basic Soap

成分
ingredient

成品份量：約1,015g

基底油

油脂	用量	所占比例	備註
椰子油	160g	22.9%	—
棕櫚油	160g	22.9%	—
甜杏仁油	80g	11.4%	—
玉米胚芽油	100g	14.3%	—
橄欖油	200g	28.5%	特級冷壓或純橄欖油等級
合計	700g	100%	

鹼液

材料	用量	備註
氫氧化鈉（98%純度）	106.4g	無減鹼
水（28%）	196g	冰塊156g左右＋其餘為水

添加材料

種類	備註
精油（20ml）	薰衣草16ml＋廣藿香4ml

脂肪酸構成比例

飽和脂肪酸（37.1%）				不飽和脂肪酸（59.1%）				其他（3.8%）
月桂酸	肉豆蔻酸	棕櫚酸	硬脂酸	蓖麻油酸	油酸	亞麻油酸	次亞麻油酸	其他
11.0%	4.6%	18.6%	3.0%	0%	43.1%	15.5%	0.4%	3.8%

基本工具
basic tools

加熱工具、手持攪拌棒、電子秤、電子溫度計

量杯、旋轉蓋容器、矽膠刮刀、湯匙、篩網、丁腈手套

矽膠製模具（1kg容量）

將水與冰塊倒入旋轉蓋容器中測量所需用量,而氫氧化鈉則另以小的不鏽鋼量杯盛裝測量用量。

將氫氧化鈉加入水中後,立刻將蓋子旋緊並均勻搖晃,製作鹼液。

先取出飽和脂肪酸含量高的油脂(椰子油、棕櫚油、豬油等)所需用量,並加熱至60～62°C之間。

接著再加入剩下所需的油脂用量,並等其降溫至40°C左右。

鹼液以篩網過篩,加入基底油中(此時鹼液溫度大約保持30～40°C之間較為適當)。

以矽膠刮刀輕輕地攪拌約2分鐘。

7

接著打開手持攪拌棒,調整至
低速模式,均勻攪拌。

8

加進精油後,再以矽膠刮刀充
分攪拌均勻。

9

持續慢慢攪拌皂液,直到呈現
trace第三階段。

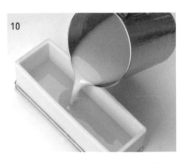

10

確認完皂液trace的程度後,
便可將其倒入模具中。

11

接著蓋上模具的蓋子,進入保
溫步驟。

12. 保溫步驟完成後,將手工皂裁切成所需的尺寸,並靜置風乾4週以上,便可使用。

13. 裁切完並經過6～8週靜置、完全風乾後的手工皂,可以用真空包裝保存,便可長期維持乾爽的
狀態。

馬賽金盞花皂

Marigold Marseille Soap

成分
ingredient

成品份量：約500g

基底油

油脂	用量	所占比例	備註
椰子油	63g	18%	特級初榨等級
棕櫚油	35g	10%	—
橄欖油	200g	72%	—
	52g		金盞花浸泡油
合計	350g	100%	

鹼液

材料	用量	備註
氫氧化鈉（98%純度）	51.7g	無減鹼
水（27%）	94g	冰塊75g左右＋其餘為水

添加材料

種類	備註
精油（10ml）	薰衣草

脂肪酸構成比例

飽和脂肪酸（31.5%）				不飽和脂肪酸（65.7%）				其他（2.8%）
月桂酸	肉豆蔻酸	棕櫚酸	硬脂酸	蓖麻油酸	油酸	亞麻油酸	次亞麻油酸	其他
8.6%	3.5%	16.1%	3.2%	0%	55.0%	10.0%	0.7%	2.8%

基本工具
basic tools

加熱工具、手持攪拌棒、電子秤、電子溫度計
量杯、旋轉蓋容器、矽膠刮刀、湯匙、篩網、丁腈手套
壓克力或是矽膠製模具（500g容量）

事先準備

將金盞花瓣（或是金盞花粉）浸泡在橄欖油中，約3週的時間製作成香草浸泡油。

將水與冰塊倒入旋轉蓋容器中測量所需用量，而氫氧化鈉則另以小的不鏽鋼量杯盛裝測量用量。

將氫氧化鈉加入水中後，立刻將蓋子旋緊並均勻搖晃，製作鹼液。

先取出飽和脂肪酸含量高的油脂（椰子、棕櫚、豬油等）所需用量，並加熱至60～62℃之間。

接著再加入剩下所需的油脂用量，並等其降溫至40℃左右。

鹼液以篩網過篩，加入基底油中（此時鹼液溫度大約保持30～40℃之間較為適當）。

以矽膠刮刀輕輕地攪拌約2分鐘。

7	8	9

接著打開手持攪拌棒,調整至低速模式,均勻攪拌。	加進精油後,再以矽膠刮刀充分攪拌均勻。	持續慢慢攪拌皂液,直到呈現trace第三階段。

10	11
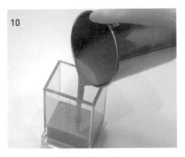	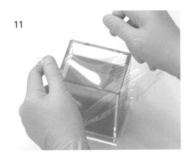
將皂液全數倒入準備好的壓克力模具中。	接著以皂用保鮮膜覆蓋模具的開口,進入保溫步驟。

12. 保溫步驟完成後,將手工皂裁切成所需的尺寸,並靜置風乾4週以上,便可使用。

13. 裁切完並經過6～8週靜置、完全風乾後的手工皂,可以用真空包裝保存,便可長期維持乾爽的狀態。

tip

● 金盞花可緩解嬰兒尿布疹,並可抑制油性肌膚皮脂的過度分泌。其浸泡油的顏色,會呈現飽和的黃色。

維他命E沐浴皂

Vitamin-E Shower Bar

成分
ingredient

成品份量：約510g

基底油	油脂	用量	所占比例	備註
	椰子油	105g	30%	特級初榨等級
	紅棕櫚油	105g	30%	—
	山茶花油	105g	30%	—
	葵花籽油	35g	10%	胭脂樹籽浸泡油
	合計	350g	100%	

鹼液	材料	用量	備註
	氫氧化鈉（98%純度）	54.8g	無減鹼
	水（29%）	101g	冰塊101g

精油	總用量	複方調配配方
	10ml	薰衣草4ml＋甜橙5ml＋肉桂1ml

脂肪酸構成比例

飽和脂肪酸（43.1%）				不飽和脂肪酸（51.9%）				其他（5.0%）
月桂酸	肉豆蔻酸	棕櫚酸	硬脂酸	蓖麻油酸	油酸	亞麻油酸	次亞麻油酸	其他
14.4%	6.0%	19.3%	3.4%	0%	38.8%	13.0%	0.1%	5.0%

基本工具
basic tools

加熱工具、手持攪拌棒、電子秤、電子溫度計
量杯、旋轉蓋容器、矽膠刮刀、湯匙、篩網、丁腈手套
矽膠製模具（500g容量）

事先準備

將胭脂樹籽浸泡在芥花籽油中，約3週的時間製作成香草浸泡油。

1

將冰塊倒入旋轉蓋容器中測量所需用量，而氫氧化鈉則另以小的不鏽鋼量杯盛裝測量用量。

2

將氫氧化鈉加入冰塊中後，立刻將蓋子旋緊並均勻搖晃，製作鹼液。

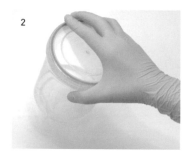

3

先取出飽和脂肪酸含量高的油脂（椰子、棕櫚、豬油等）所需用量，並加熱至60～62°C之間。

4

接著再加入剩下所需的油脂用量，並等其降溫至30°C左右。

5

鹼液以篩網過篩，加入基底油中（此時鹼液溫度大約保持30°C較為適當）。

6

以矽膠刮刀輕輕地攪拌約2分鐘。

接著打開手持攪拌棒，調整至
低速模式，均勻攪拌。

加進精油後，再以矽膠刮刀充
分攪拌均勻。

持續慢慢攪拌皂液，直到呈現
trace第三階段。

確認完皂液trace的程度後，
便可將其全數倒入模具中。

接著蓋上模具的蓋子，進入保
溫步驟。

12. 保溫步驟完成後，將手工皂裁切成所需的尺寸，並靜置風乾4週以上，便可使用。

13. 裁切完並經過6～8週靜置、完全風乾後的手工皂，可以用真空包裝保存，便可長期維持乾爽的
狀態。

自製胭脂樹籽浸泡油

· **材料** 胭脂樹籽50g、葵花籽油150g（可用其他油代替）、維他命E
· **工具** 密封玻璃罐、保鮮膜、過濾袋、保存容器

1

在已清潔並殺菌過的密封玻璃罐中，放入胭脂樹籽。

2

接著倒入葵花籽油入罐中（基底油可自由選擇）。

3

以皂用保鮮膜覆蓋住瓶口。

4

將瓶蓋緊緊蓋上後，置於陽光常照之處（大約每一兩天要拿起罐子搖晃一兩次）。

5

經過約莫3週，便可利用過濾袋過濾至另一個保存容器內。

6

滴入約占份量1～2%的維他命E至瓶內，並均勻搖晃。

7

保存於避免曝曬在紫外線下的通風陰涼處，需要時即可取出使用。

tip

○ 金盞花或萬壽菊等香草，都可以用來製作浸泡油。

○ 倒入可完全覆蓋香草的基底油後，將罐子密封。

○ 浸泡經過4～6週期間後，以上述方式處理保存，需要時即可取出使用。

卡斯提亞皂1（100%特級初榨椰子油）

Castile Soap（Extra Virgin Coconut Oil 100%）

成分
ingredient

成品份量：約500g

基底油

油脂	用量	所占比例	備註
椰子油	320g	100%	特級初榨等級
合計	320g	100%	

鹼液

材料	用量	備註
氫氧化鈉（98%純度）	58.3g	減鹼6%
水（35%）	112g	冰塊112g

添加材料

種類	備註
精油（10ml）	薰衣草

脂肪酸構成比例

飽和脂肪酸（79.0%）				不飽和脂肪酸（10.0%）				其他（11.0%）
月桂酸	肉豆蔻酸	棕櫚酸	硬脂酸	蓖麻油酸	油酸	亞麻油酸	次亞麻油酸	其他
48.0%	19.0%	9.0%	3.0%	0%	8.0%	2.0%	0%	11.0%

基本工具
basic tools

加熱工具、手持攪拌棒、電子秤、電子溫度計

量杯、旋轉蓋容器、矽膠刮刀、湯匙、篩網、丁腈手套

矽膠製模具（多格狀）

將冰塊倒入旋轉蓋容器中測量
所需用量,而氫氧化鈉則另以
小的不鏽鋼量杯盛裝測量用
量。

將氫氧化鈉加入冰塊中後,立
刻將蓋子旋緊並均勻搖晃,製
作鹼液。

取出特級初榨椰子油所需用
量,並保持溫度在28℃左右。

鹼液以篩網過篩,加入基底油
中(此時鹼液溫度大約保持
28℃左右較為適當)。

以矽膠刮刀輕輕地攪拌約2分
鐘。

接著打開手持攪拌棒,調整至
低速模式,均勻攪拌。

tip

- 成分大多為飽和脂肪酸的100%特級初榨椰子油,在保溫步驟中,會因皂化作用而
升溫,因此為了控制溫度,混合攪拌油脂與鹼液的步驟需在低溫下進行。

- 100%使用椰子油製作的手工皂,保溫步驟約在18小時後完成。完成後的手工皂硬
度較高,因此需立即用專業切皂器,或是廚房用刀、水果刀等裁切。

- 如果不想另外裁切,便可利用多格狀的模具,即可省略裁切步驟,製皂時的水量
也可減少。

- 使用大型模具時,為了裁切方便,建議製皂時的用水量取油量的41～42%左右。

		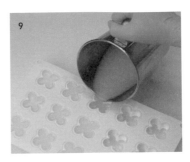
加進精油後，再以矽膠刮刀充分攪拌均勻。	持續慢慢攪拌皂液，直到呈現trace第三階段。	將皂液全數倒入備好的模具中。

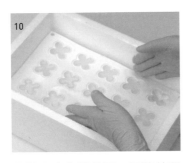	
若模具沒有附蓋子，可將其置於保麗龍箱中。	接著蓋上保麗龍箱蓋子，進入保溫步驟。

12. 保溫步驟完成後，將手工皂裁切成所需的尺寸，並靜置風乾4週以上，便可使用。

13. 裁切完並經過6～8週靜置、完全風乾後的手工皂，可以用真空包裝保存，便可長期維持乾爽的狀態。

卡斯提亞皂2（100%山茶花油）

Castile Soap（Camellia Oil 100%）

成分
ingredient

成品份量：約515g

基底油

油脂	用量	所占比例	備註
山茶花油	370g	100%	—
合計	370g	100%	

鹼液

材料	用量	備註
氫氧化鈉（98%純度）	51.3g	無減鹼
水（23%）	85g	冰塊68g左右＋其餘為水

添加材料

種類	備註
精油（10ml）	薰衣草
天然粉末（5g）	洋甘菊

脂肪酸構成比例

飽和脂肪酸（11%）				不飽和脂肪酸（85%）				其他（4%）
月桂酸	肉豆蔻酸	棕櫚酸	硬脂酸	蓖麻油酸	油酸	亞麻油酸	次亞麻油酸	其他
0%	0%	9.0%	2.0%	0%	77.0%	8.0%	0%	4.0%

基本工具
basic tools

加熱工具、手持攪拌棒、電子秤、電子溫度計

量杯、旋轉蓋容器、矽膠刮刀、湯匙、篩網、丁腈手套

矽膠製模具（500g容量）

1

將水與冰塊倒入旋轉蓋容器中測量所需用量,而氫氧化鈉則另以小的不鏽鋼量杯盛裝測量用量。

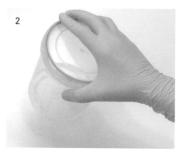

2

將氫氧化鈉加入水中後,立刻將蓋子旋緊並均勻搖晃,製作鹼液。

3

取出山茶花油所需用量,並保持溫度在42℃左右。

4

鹼液以篩網過篩,加入基底油中(此時鹼液溫度大約保持30～40℃之間較為適當)。

5

以矽膠刮刀輕輕地攪拌約2分鐘。

6

加入洋甘菊粉。

tip

- 如果添加至手工皂的天然粉末只有一種,可以在油脂與鹼液混合前加入油脂中,或是在手持攪拌棒攪拌前加入,如此一來便可避免粉末溶解不完全。
- 也可以省略不添加粉末。
- 不飽和脂肪酸比例較高的卡斯提亞皂,進到trace階段的時間會花費較久。

7

8

9

接著打開手持攪拌棒,調整至低速模式,均勻攪拌。

加進精油後,再以矽膠刮刀充分攪拌均勻。

持續慢慢攪拌皂液,直到呈現trace第三階段。

10

11

確認完皂液trace的程度後,便可將其全數倒入模具中。

接著蓋上模具的蓋子,進入保溫步驟。

12. 保溫步驟完成後,將手工皂裁切成所需的尺寸,並靜置風乾4週以上,便可使用。

13. 裁切完並經過6~8週靜置、完全風乾後的手工皂,可以用真空包裝保存,便可長期維持乾爽的狀態。

方磚造型皂

Clay Cube Soap

成分
ingredient

成品份量：約1,620g

基底油

油脂	用量	所占比例	備註
椰子油	270g	24.6%	─
棕櫚油	270g	24.6%	─
夏威夷果仁油	130g	11.8%	─
酪梨油	150g	13.6%	─
橄欖油	150g	13.6%	─
葵花籽油	130g	11.8%	─
合計	1,100g	100%	

鹼液

材料	用量	備註
氫氧化鈉（98%純度）	168.3g	無減鹼
水（28%）	308g	冰塊245g左右＋其餘為水

添加材料

種類	備註
精油（30ml）	苦橙葉9ml＋玫瑰草12ml＋花梨木9ml
天然粉末各2g	9種礦泥粉（綠礦泥、摩洛哥熔岩、紅礦泥、玫瑰紅礦泥、膨潤土、黃礦泥、高嶺土、粉紅礦泥、白礦泥）
基底油27g	夏威夷果仁油（每種粉末各使用3g）
氧化物	液狀二氧化鈦（手工皂用），請參考P244

脂肪酸構成比例

飽和脂肪酸（39.9%）				不飽和脂肪酸（52.7%）				其他（7.4%）
月桂酸	肉豆蔻酸	棕櫚酸	硬脂酸	蓖麻油酸	油酸	亞麻油酸	次亞麻油酸	其他
11.8%	4.9%	19.5%	3.7%	0%	37.7%	14.7%	0.3%	7.4%

基本工具
basic tools

加熱工具、手持攪拌棒、電子秤、電子溫度計

量杯、旋轉蓋容器、矽膠刮刀、湯匙、篩網、丁腈手套

矽膠製模具（九格方塊狀）

將水與冰塊倒入旋轉蓋容器中測量所需用量，而氫氧化鈉則另以小的不鏽鋼量杯盛裝測量用量。

將氫氧化鈉加入水中後，立刻將蓋子旋緊並均勻搖晃，製作鹼液。

先取出飽和脂肪酸含量高的油脂（椰子、棕櫚、豬油等）所需用量，並加熱至60～62℃之間。

接著再加入剩下所需的油脂用量，並等其降溫至40℃左右。

鹼液以篩網過篩，加入基底油中（鹼液溫度大約保持30～40℃之間較為適當）。

以矽膠刮刀輕輕地攪拌約2分鐘。

接著打開手持攪拌棒，調整至低速模式，均勻攪拌。

加進精油後，再以矽膠刮刀充分攪拌均勻。

持續慢慢攪拌皂液，直到呈現trace第二階段。

10

此時添加液狀二氧化鈦（手工皂用）10g入內攪拌。

11

準備塑膠量杯，放入其中一種礦泥粉2g以及夏威夷果仁油3g，將其混合攪拌。

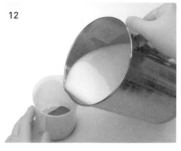

12

接著將175g皂液，倒入步驟11中的塑膠量杯中，再度攪拌。

13

混合均勻後，倒入模具中的一格內，用刮刀刮取乾淨。

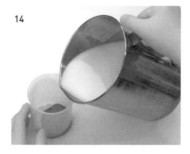

14

接著再用剛剛的塑膠量杯，放入另一種礦泥粉，重複步驟11～13。

15

最終將9種不同礦泥粉的皂液全數倒入方格內。

將矽膠模具蓋上蓋子，進入保溫步驟。

17. 保溫步驟完成後，將手工皂從模具中取出，並靜置風乾4週以上，便可使用。

18. 裁切完並經過6～8週靜置、完全風乾後的手工皂，可以用真空包裝保存，便可長期維持乾爽的狀態。

tip

● 步驟11的基底油，可自由選擇橄欖油、葵花籽油、夏威夷果仁油等等油脂使用。

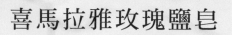

喜馬拉雅玫瑰鹽皂

Himalayan Pink Salt Soap

成分
ingredient

成品份量：約530g

基底油

油脂	用量	所占比例	備註
椰子油	240g	80%	特級初榨等級
棕櫚油	30g	10%	－
山茶花油	30g	10%	－
合計	300g	100%	

鹼液

材料	用量	備註
氫氧化鈉（98%純度）	52.8g	減鹼4%
水（38%）	114g	冰塊114g

添加材料

種類	備註
精油（10ml）	薰衣草5ml＋綠薄荷5ml
天然粉末	玫瑰紅礦泥粉（可用粉紅礦泥取代）
鹽（60g）	喜馬拉雅玫瑰鹽（基底油總量的20%）
氧化物	液狀二氧化鈦（手工皂用），請參考P244

脂肪酸構成比例

飽和脂肪酸（69.3%）				不飽和脂肪酸（21.4%）				其他（9.3%）
月桂酸	肉豆蔻酸	棕櫚酸	硬脂酸	蓖麻油酸	油酸	亞麻油酸	次亞麻油酸	其他
38.4%	15.3%	12.5%	3.1%	0%	18.0%	3.4%	0%	9.3%

基本工具
basic tools

加熱工具、手持攪拌棒、電子秤、電子溫度計
量杯、旋轉蓋容器、矽膠刮刀、湯匙、篩網、丁腈手套
矽膠製模具（4格方格狀）
食物調理機

事先準備

將玫瑰紅礦泥粉與葵花籽油先調勻備用。（可參考243頁中列出的調和比例）

冰塊倒入旋轉蓋容器中測量所需用量，而氫氧化鈉則另以小的不鏽鋼量杯盛裝測量用量。

將氫氧化鈉加入冰塊中後，立刻將蓋子旋緊並均勻搖晃，製作鹼液。

先取出飽和脂肪酸含量高的油脂（椰子、棕櫚、豬油等）所需用量，並加熱至60～62℃之間。

接著再加入剩下所需的油脂用量，並等其降溫至30℃左右。

鹼液以篩網過篩，加入基底油中（此時鹼液溫度大約保持30℃左右較為適當）。

以矽膠刮刀輕輕地攪拌約2分鐘。

接著打開手持攪拌棒，調整至低速模式，均勻攪拌。

加進精油後，再以矽膠刮刀充分攪拌均勻。

持續慢慢攪拌皂液，直到呈現trace第三階段。

以食物攪拌機將喜馬拉雅玫瑰鹽攪碎磨細。

皂液中倒入已磨細的玫瑰鹽後繼續攪拌。

根據下表中份量加入添加物，將所有材料攪拌均勻混合。

彩色皂液調配比例

顏色	皂液	添加物種類	添加量	備註
粉紅色	所有	玫瑰紅礦泥粉	2g	事先以油調勻成泥狀
		液狀二氧化鈦（手工皂用）	1g	請參考P244

13 	14 	15 
不斷地攪拌，直到皂液中的鹽粒完全溶解。	將皂液全數倒入模具中後，蓋上模具的蓋子，進入保溫步驟。	保溫步驟完成後，將手工皂從模具中取出，靜置在濕度低、較乾燥處，待其完全風乾，便可使用。

16. 裁切完並經過6～8週靜置、完全風乾後的手工皂，可以用真空包裝保存，便可長期維持乾爽的狀態。

tip

○ 添加了鹽的手工皂，很容易在表面有水珠凝結的現象，建議在相對濕度較低的季節製作。

○ 欲保存風乾完成後的手工皂，除了以真空包裝保存之外，也可將其與乾燥劑放置於密閉容器中。

○ 添加的鹽類，也可選擇使用日曬海鹽、死海鹽、礦物鹽、瀉鹽等。

○ 製作椰子油比例較多的配方時，可如同本步驟4中，將基底油的溫度控制在較低的狀態，便能避免保溫過程間，出現過度升溫的現象。

○ 天然鹽手工皂製作完後再行裁切，斷面無法呈現光滑狀，因此比起一次使用大容量的模具，推薦使用適當尺寸的多格模具。

廚房洗滌天然皂

Natural Dish-Wash Soap

成分
ingredient

成品份量：約1,090g

基底油

油脂	用量	所占比例	備註
椰子油	490g	70%	―
棕櫚油	140g	20%	―
蓖麻油	70g	10%	―
合計	700g	100%	

鹼液

材料	用量	備註
氫氧化鈉（98%純度）	124.3g	無減鹼
水（36%）	252g	冰塊252g

精油

總用量	配方	備註
10ml	檸檬10ml	手工皂總量1%

脂肪酸構成比例

飽和脂肪酸（65.3%）				不飽和脂肪酸（26.6%）				其他（8.1%）
月桂酸	肉豆蔻酸	棕櫚酸	硬脂酸	蓖麻油酸	油酸	亞麻油酸	次亞麻油酸	其他
33.6%	13.5%	15.1%	3.1%	9.0%	13.8%	3.8%	0%	8.1%

基本工具
basic tools

加熱工具、手持攪拌棒、電子秤、電子溫度計

量杯、旋轉蓋容器、矽膠刮刀、湯匙、篩網、丁腈手套

壓克力模具

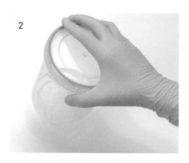

將冰塊倒入旋轉蓋容器中測量所需用量，而氫氧化鈉則另以小的不鏽鋼量杯盛裝測量用量。

將氫氧化鈉加入冰塊中後，立刻將蓋子旋緊並均勻搖晃，製作鹼液。

先取出飽和脂肪酸含量高的油脂（椰子、棕櫚、豬油等）所需用量，並加熱至60℃。

接著再加入剩下所需的油脂用量，並等其降溫至30℃左右。

鹼液以篩網過篩，加入基底油中（此時鹼液溫度大約保持30℃左右較為適當）。

以矽膠刮刀輕輕地攪拌約2分鐘。

7

接著打開手持攪拌棒，調整至低速模式，均勻攪拌。

8

加進精油後，再以矽膠刮刀充分攪拌均勻。

9

持續慢慢攪拌皂液，直到呈現trace第三階段。

10

確認完皂液trace的程度後，將皂液全數倒入準備好的壓克力模具中。

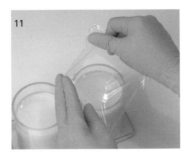

11

接著以皂用保鮮膜覆蓋模具的開口，進入保溫步驟。

12. 保溫步驟完成後，將手工皂裁切成所需的尺寸，並靜置風乾5天以上，便可使用。

tip

○ 廚房用皂約靜置乾燥5天後，即可使用。同樣的配方，也可作洗衣皂。

○ 先以廚房紙巾簡單擦去油污，再以肥皂洗滌，可以更輕易地去除掉油漬污垢。

○ 廚房用皂完成後的硬度較高，因此需立即用專業切皂器，或是廚房用刀、水果刀等裁切。若想省去裁切的步驟，可選擇使用多格狀模具。

天然洗衣皂

Natural Laundry Soap

成分
ingredient

成品份量：約1,150g

基底油

油脂	用量	所占比例	備註
椰子油	300g	40%	—
棕櫚油	150g	20%	—
豬油	100g	13.3%	—
大豆油	200g	26.7%	
合計	750g	100%	

鹼液

材料	用量	備註
氫氧化鈉（98%純度）	121.4g	無減鹼
水（32%）	240g	冰塊240g

精油

總用量	配方	備註
20ml	檸檬10ml＋尤加利10ml	手工皂總量2%

添加材料

種類	用量	備註
小蘇打	33g	手工皂總量3%

脂肪酸構成比例

飽和脂肪酸（51.5%）				不飽和脂肪酸（42.6%）				其他（5.9%）
月桂酸	肉豆蔻酸	棕櫚酸	硬脂酸	蓖麻油酸	油酸	亞麻油酸	次亞麻油酸	其他
19.2%	7.9%	19.1%	5.3%	0%	23.5%	16.9%	2.1%	5.9%

基本工具
basic tools

加熱工具、手持攪拌棒、電子秤、電子溫度計

量杯、旋轉蓋容器、矽膠刮刀、湯匙、篩網、丁腈手套

矽膠模具（1kg容量）

將冰塊倒入旋轉蓋容器中測量所需用量，而氫氧化鈉則另以小的不鏽鋼量杯盛裝測量用量。

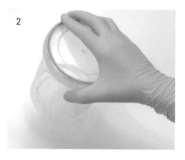

將氫氧化鈉加入冰塊中後，立刻將蓋子旋緊並均勻搖晃，製作鹼液。

先取出飽和脂肪酸含量高的油脂（椰子、棕櫚、豬油等）所需用量，並加熱至60℃。

接著再加入剩下所需的油脂用量，並等其降溫至30℃左右。

鹼液以篩網過篩，加入基底油中（此時鹼液溫度大約保持30℃左右較為適當）。

以矽膠刮刀輕輕地攪拌約2分鐘後，再加入小蘇打。

接著打開手持攪拌棒，調整至低速模式，均勻攪拌。

加進精油後，再以矽膠刮刀充分攪拌均勻。

持續慢慢攪拌皂液，直到呈現trace第三階段。

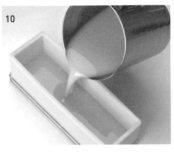

確認完皂液trace的程度後，將皂液全數倒入準備好的矽膠模具中。

接著蓋上模具的蓋子，進入保溫步驟。

12. 保溫步驟完成後，將手工皂裁切成所需的尺寸，並靜置風乾5天以上，便可使用。

tip

- 裁切時取小間格橫切，維持厚厚的高度，約一手可以掌握的尺寸最為適宜。
- 洗衣皂約靜置乾燥5天後，即可使用。
- 洗衣皂完成後的硬度較高，因此需立即用專業切皂器，或是廚房用刀、水果刀等裁切。若想省去裁切的步驟，可選擇使用多格狀模具。
- 若手邊沒有豬油，可以棕櫚油取代。（氫氧化鈉的總使用量相同）

PART 3

———

打造
獨特風格

**進階樣式
CP皂**

三層造型皂

Three Layered Soap

成分
ingredient

成品份量：約1,010g

基底油

油脂	用量	所占比例	備註
椰子油	180g	25.7%	－
棕櫚油	180g	25.7%	－
綠茶籽油	100g	14.3%	－
杏桃核仁油	160g	22.9%	－
葵花籽油	80g	11.4%	－
合計	700g	100%	

鹼液

材料	用量	備註
氫氧化鈉（98%純度）	107.8g	無減鹼
水（28%）	196g	冰塊156g左右＋其餘為水

添加材料

種類	備註
精油（20ml）	薰衣草10ml＋雪松5ml＋松樹5ml
天然粉末	麻芛、備長炭、可可、南瓜
氧化物	液狀氧化鉻綠、液狀氧化鐵黃、液狀二氧化鈦（手工皂用）

脂肪酸構成比例

飽和脂肪酸（37.2%）				不飽和脂肪酸（57.9%）				其他（4.8%）
月桂酸	肉豆蔻酸	棕櫚酸	硬脂酸	蓖麻油酸	油酸	亞麻油酸	次亞麻油酸	其他
12.3%	5.1%	16.9%	2.8%	0%	39.1%	18.7%	0.1%	4.8%

基本工具
basic tools

加熱工具、手持攪拌棒、電子秤、電子溫度計

量杯、旋轉蓋容器、矽膠刮刀、湯匙、篩網、丁腈手套

矽膠製模具（1kg容量）

方型壓克力片（修整手工皂表面用）

事先準備

將麻芛、備長炭、可可、南瓜的粉末，各自事先與葵花籽油調合成泥。

（稀釋比例可參照243頁的表格數據）

1

將水與冰塊倒入旋轉蓋容器中測量所需用量，而氫氧化鈉則另以小的不鏽鋼量杯盛裝測量用量。

2

將氫氧化鈉加入水中後，立刻將蓋子旋緊並均勻搖晃，製作鹼液。

3

先取出飽和脂肪酸含量高的油脂（椰子、棕櫚、豬油等）所需用量，並加熱至60～62℃之間。

4

接著再加入剩下所需的油脂用量，並等其降溫至40℃左右。

5

鹼液以篩網過篩，加入基底油中（此時鹼液溫度大約保持在30～40℃之間較為適當）。

6

以矽膠刮刀輕輕地攪拌約2分鐘。

7

接著打開手持攪拌棒，調整至低速模式，均勻攪拌。

8

加進精油後，再以矽膠刮刀充分攪拌均勻。

9

持續慢慢攪拌皂液，直到呈現trace第四階段。

10

將皂液按照下表份量，分別倒入三個塑膠量杯內，並各自加入調合好的色泥攪拌均勻。

11

利用勺子，慢慢將褐色的皂液全數盛入模具中。

12

接著用同樣的手法加入綠色的皂液。

彩色皂液調配比例

顏色	皂液	添加物種類	添加量	備註
褐色	330g	可可粉	6g	事先以油調勻成泥狀
		備長炭粉	1g	事先以油調勻成泥狀
綠色	330g	麻芛粉	4g	事先以油調勻成泥狀
		液狀氧化鉻綠（手工皂用）	1g	請參考P244
		液狀二氧化鈦（手工皂用）	10滴	請參考P244
黃色	330g	南瓜粉	6g	事先以油調勻成泥狀
		液狀氧化鐵黃（手工皂用）	1g	請參考P244
		液狀二氧化鈦（手工皂用）	10滴	請參考P244

最後再用同樣手法加入黃色皂液。	皂液表面以壓克力片修整造型。	蓋上模具的蓋子,進入保溫步驟。

16. 保溫步驟完成後,將手工皂裁切成所需的尺寸,並靜置風乾4週以上,便可使用。

17. 裁切完並經過6～8週靜置、完全風乾後的手工皂,可以用真空包裝保存,便可長期維持乾爽的狀態。

tip

○ 當攪拌至trace狀態後期,再以湯勺盛舀皂液至模具的方法,可迅速完成手工皂一層一層的造型。

○ 如果手邊沒有方型的壓克力片可以操作步驟14,也可用保麗龍板、厚紙片、矽膠刮刀、塑膠湯匙等等工具替代。

香皂掛飾

Ornament Perfume Soap

成分
ingredient

成品份量：約540g

基底油

油脂	用量	所占比例	備註
椰子油	150g	41.7%	—
棕櫚油	150g	41.7%	—
夏威夷果仁油	60g	16.6%	—
合計	360g	100%	

鹼液

材料	用量	備註
氫氧化鈉（98%純度）	58g	減鹼2%
水（34%）	122g	冰塊97g左右＋其餘為水

添加材料

種類	備註
精油（15ml）	薰衣草5ml＋天竺葵5ml＋玫瑰草5ml
天然粉末	備長炭、天然發酵青黛、黃土
氧化物	液狀二氧化鈦（手工皂用）

脂肪酸構成比例

飽和脂肪酸（56.1%）				不飽和脂肪酸（34.8%）				其他（9.2%）
月桂酸	肉豆蔻酸	棕櫚酸	硬脂酸	蓖麻油酸	油酸	亞麻油酸	次亞麻油酸	其他
20.0%	8.3%	23.6%	4.2%	0%	29.4%	5.3%	0%	9.2%

基本工具
basic tools

加熱工具、手持攪拌棒、電子秤、電子溫度計
量杯、旋轉蓋容器、矽膠刮刀、湯匙、篩網、丁腈手套
矽膠製模具（蕾絲樣式、平板樣式）
裝飾用繩子

事先準備

將備長炭、天然發酵青黛、黃土的粉末,各自事先與葵花籽油調合成泥。

（稀釋比例可參照243頁的表格數據）

1 將水與冰塊倒入旋轉蓋容器中測量所需用量,而氫氧化鈉則另以小的不鏽鋼量杯盛裝測量用量。

2 將氫氧化鈉加入水中後,立刻將蓋子旋緊並均勻搖晃,製作鹼液。

3 先取出飽和脂肪酸含量高的油脂（椰子、棕櫚、豬油等）所需用量,並加熱至60～62℃之間。

4 接著再加入剩下所需的油脂用量,並等其降溫至40℃左右。

5 鹼液以篩網過篩,加入基底油中（此時鹼液溫度大約保持在30～40℃之間較為適當）。

6 以矽膠刮刀輕輕地攪拌約2分鐘。

接著打開手持攪拌棒，調整至低速模式，均勻攪拌。

加進精油後，再以矽膠刮刀充分攪拌均勻。

持續慢慢攪拌皂液，直到呈現trace第二階段。

將蕾絲樣式模具大小，修剪至可擺入平板模具中的尺寸。

接著在平板模具格子中的下緣，密合地擺入已修剪的蕾絲花紋模具。

分別將皂液按照下表份量，倒入三個塑膠量杯內，並各自加入調合好的色泥攪拌均勻。

彩色皂液調配比例

顏色	皂液	添加物種類	添加量	備註
灰色	180g	備長炭粉	1g	事先以油調勻成泥狀
		液狀二氧化鈦（手工皂用）	1g	請參考P244
海軍藍	180g	天然發酵青黛粉	1g	事先以油調勻成泥狀
		液狀二氧化鈦（手工皂用）	1g	請參考P244
磚紅	180g	黃土粉	2g	事先以油調勻成泥狀
		液狀二氧化鈦（手工皂用）	1g	請參考P244

13	14	15
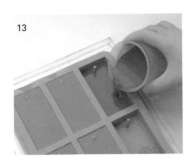		
在模具不同格子中，分別倒入不同顏色皂液。	蓋上模具的蓋子，進入保溫步驟。	保溫步驟完成後，綁上繩子便可掛起裝飾。

tip

○ 將手工皂掛飾掛在小空間內，可作為空間芳香劑。

○ 手工皂完成後，經過4～6週時間，可隨時將掛飾取下當作一般肥皂使用。

大理石金紋活性炭皂

Gold Marble Charcoal Soap

成分
ingredient

成品份量：約1,070g

基底油

油脂	用量	所占比例	備註
椰子油	490g	70%	特級初榨等級
杏桃核仁油	60g	8.6%	—
榛果油	150g	21.4%	—
合計	700g	100%	

鹼液

材料	用量	備註
氫氧化鈉（98%純度）	121.4g	減鹼2%
水（34%）	238g	冰塊238g

添加材料

種類	備註
精油（20ml）	薰衣草7ml＋檸檬6ml＋茶樹7ml
天然粉末	備長炭
雲母粉	金色

脂肪酸構成比例

飽和脂肪酸（57.5%）				不飽和脂肪酸（33.2%）				其他（9.3%）
月桂酸	肉豆蔻酸	棕櫚酸	硬脂酸	蓖麻油酸	油酸	亞麻油酸	次亞麻油酸	其他
33.6%	13.3%	7.9%	2.7%	0%	27.3%	5.9%	0%	9.3%

基本工具
basic tools

加熱工具、手持攪拌棒、電子秤、電子溫度計

量杯、旋轉蓋容器、矽膠刮刀、湯匙、篩網、丁腈手套

矽膠製模具（1kg容量）

迷你網篩

將冰塊倒入旋轉蓋容器中測量所需用量,而氫氧化鈉則另以小的不鏽鋼量杯盛裝測量用量。

將氫氧化鈉加入冰塊後,立刻將蓋子旋緊並均勻搖晃,製作鹼液。

先將特級初榨椰子油加熱至35℃。

接著再加入剩下所需的油脂用量,並等其降溫至30℃左右。

鹼液以篩網過篩,加入基底油中(此時鹼液溫度大約保持在30℃左右較為適當)。

以矽膠刮刀輕輕地攪拌約2分鐘。

倒入備長炭粉末後,打開手持攪拌棒,調整至低速模式,均勻攪拌。

加進精油後,再以矽膠刮刀充分攪拌均勻。

持續慢慢攪拌皂液,直到呈現trace第四階段。

將450g的皂液倒入矽膠模具
中。

利用塑膠湯匙在皂液表面上來
回移動，呈現不規則線條。

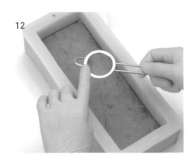

將半匙份量的金粉，倒入迷你
網篩中，均勻地灑在皂液表
面，直到完全覆蓋。

最後用湯匙將剩餘的皂液盛入
模具中，並將表面修整平滑。

蓋上模具的蓋子，進入保溫步
驟。

15. 保溫步驟完成後，將手工皂裁切成所需的尺寸，並靜置風乾4週以上，便可使用。

16. 裁切完並經過6～8週靜置、完全風乾後的手工皂，可以用真空包裝保存，便可長期維持乾爽的
    狀態。

tip

○ 保溫步驟完成後，以金色線為中心，將手工皂橫切成塊。

○ 本配方的手工皂硬度較高，因此保溫完成後須立即裁切。

歡樂聖誕皂

Happy Christmas Soap

成分
ingredient

成品份量：約500g

基底油

油脂	用量	所占比例	備註
椰子油	90g	25.7%	—
棕櫚油	90g	25.7%	—
甜杏仁油	50g	14.3%	—
玉米胚芽油	40g	11.4%	—
橄欖油	80g	22.9%	—
合計	350g	100%	

鹼液

材料	用量	備註
氫氧化鈉（98%純度）	53.8g	無減鹼
水（28%）	98g	冰塊78g左右＋其餘為水

添加材料

種類	備註
精油（10ml）	薰衣草10ml
天然粉末	玫瑰紅礦泥、白礦泥
雲母粉	金色
氧化物	液狀氧化鐵紅、液狀二氧化鈦（手工皂用）

脂肪酸構成比例

飽和脂肪酸（39.7%）				不飽和脂肪酸（56.2%）				其他（4.1%）
月桂酸	肉豆蔻酸	棕櫚酸	硬脂酸	蓖麻油酸	油酸	亞麻油酸	次亞麻油酸	其他
12.3%	5.1%	19.2%	3.0%	0%	41.7%	14.2%	0.3%	4.1%

基本工具
basic tools

加熱工具、手持攪拌棒、電子秤、電子溫度計

量杯、旋轉蓋容器、矽膠刮刀、湯匙、篩網、丁腈手套

矽膠製模具（500g容量）

方型壓克力片（修整手工皂表面用）、星型餅乾模（迷你）、鑷子

事先準備

將玫瑰紅礦泥、白礦泥，各自事先與葵花籽油調合成泥。（稀釋比例可參照243頁的表格數據）

利用星型餅乾模將手邊多餘的皂料裁切成一小小塊星型，沾滿金粉後備用。

1

將水與冰塊倒入旋轉蓋容器中測量所需用量，而氫氧化鈉則另以小的不鏽鋼量杯盛裝測量用量。

2

將氫氧化鈉加入水中後，立刻將蓋子旋緊並均勻搖晃，製作鹼液。

3

先取出飽和脂肪酸含量高的油脂（椰子、棕櫚、豬油等）所需用量，並加熱至60～62℃之間。

4

接著再加入剩下所需的油脂用量，並等其降溫至40℃左右。

5

鹼液以篩網過篩，加入基底油中（此時鹼液溫度大約保持在30～40℃之間較為適當）。

6

以矽膠刮刀輕輕地攪拌約2分鐘。

7

接著打開手持攪拌棒,調整至低速模式,均勻攪拌。

8

加進精油後,再以矽膠刮刀充分攪拌均勻。

9

持續慢慢攪拌皂液,直到呈現trace第二階段。

10

分別將皂液按照下表份量,倒入兩個塑膠量杯內,並各自加入調合好的色泥攪拌均勻。

11

把白色的皂液全數倒入模具中。

12

蓋上模具的蓋子靜置,直到表面呈稍微凝固的狀態。在等待期間,不要忘了偶爾攪拌紅色皂液。

彩色皂液調配比例

顏色	皂液	添加物種類	添加量	備註
白色	250g	白礦泥粉	5g	事先以油調勻成泥狀
		液狀二氧化鈦(手工皂用)	3g	請參考P244
紅色	250g	玫瑰紅礦泥粉	2g	事先以油調勻成泥狀
		液狀氧化鐵紅(手工皂用)	10滴	請參考P244

當白色皂液表面凝固後，便可用湯匙將紅色皂液盛入模具中。

利用方型壓克力板，修整紅色皂液表面樣式。

事先準備好的星型皂塊沾滿金粉後，以鑷子夾取，依照喜好裝飾手工皂表面。

蓋上模具的蓋子，進入保溫步驟。

17. 保溫步驟完成後，將手工皂裁切成所需的尺寸，並靜置風乾4週以上，便可使用。

18. 裁切完並經過6～8週靜置、完全風乾後的手工皂，可以用真空包裝保存，便可長期維持乾爽的狀態。

tip

o 此配方中介紹製作層疊樣式的方法，雖然隨著層數越多，所需花費時間也越長，但此做法的層間隔線，線條會比較分明清晰。

螺紋手工皂

Spiral Soap

成分
ingredient

成品份量：約1,220g

基底油

油脂	用量	所占比例	備註
椰子油	170g	24.3%	─
棕櫚油	170g	24.3%	─
甜杏仁油	80g	11.4%	─
橄欖油	200g	28.6%	─
葵花籽油	80g	11.4%	─
合計	700g	100%	

鹼液

材料	用量	備註
氫氧化鈉（98%純度）	106.8g	無減鹼
水（28%）	196g	冰塊156g左右＋其餘為水

添加材料

種類	備註
精油（20ml）	薰衣草10ml＋尤加利10ml
氧化物	液狀二氧化鈦（手工皂用）

脂肪酸構成比例

飽和脂肪酸（38.2%）				不飽和脂肪酸（57.9%）				其他（3.9%）
月桂酸	肉豆蔻酸	棕櫚酸	硬脂酸	蓖麻油酸	油酸	亞麻油酸	次亞麻油酸	其他
11.7%	4.9%	18.5%	3.3%	0%	41.1%	16.4%	0.4%	3.9%

基本工具
basic tools

加熱工具、手持攪拌棒、電子秤、電子溫度計

量杯、旋轉蓋容器、矽膠刮刀、湯匙、篩網、丁腈手套

矽膠製模具（1kg容量）

手工皂或是起司刨片器

事先準備

準備1～2mm厚度的手工皂薄片。

將水與冰塊倒入旋轉蓋容器中測量所需用量，而氫氧化鈉則另以小的不鏽鋼量杯盛裝測量用量。

將氫氧化鈉加入水中後，立刻將蓋子旋緊並均勻搖晃，製作鹼液。

先取出飽和脂肪酸含量高的油脂（椰子、棕櫚、豬油等）所需用量，並加熱至60～62℃之間。

接著再加入剩下所需的油脂用量，並等其降溫至40℃左右。

鹼液以篩網過篩，加入基底油中（此時鹼液溫度大約保持在30～40℃之間較為適當）。

以矽膠刮刀輕輕地攪拌約2分鐘。

7

接著打開手持攪拌棒，調整至低速模式，均勻攪拌。

8

加進精油後，再以矽膠刮刀充分攪拌均勻。

9

持續慢慢攪拌皂液，直到呈現trace第二階段。

10

按照下表比例，加入色粉均勻攪拌調色。

11

把事先準備好的手工皂薄片捲成圓柱狀。

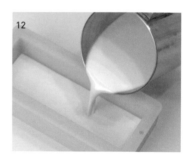

12

將白色皂液全數倒入模具中。

彩色皂液調配比例

顏色	皂液	添加物種類	添加量	備註
白色	所有	液狀二氧化鈦（手工皂用）	25g	請參考P244

依照喜好，在皂液中直直地插入剛剛捲起來的薄形有色皂片。	利用湯匙盛裝剩下的白色皂液，將插入圓柱有色皂片的表面補滿皂液。	蓋上模具的蓋子，進入保溫步驟。

16. 保溫步驟完成後，將手工皂裁切成所需的尺寸，並靜置風乾4週以上，便可使用。

17. 裁切完並經過6～8週靜置、完全風乾後的手工皂，可以用真空包裝保存，便可長期維持乾爽的狀態。

tip

○ 製作類似的螺旋紋樣式造型皂時，可以選擇多層顏色或是大理石紋的手工皂切薄片裝飾，顏色效果會更加豐富。

○ 裁切手工皂時，剩下來的皂塊、皂角都可以再做使用。

○ 保溫結束後，將手工皂以橫向做裁切。

單面花紋皂

Top Drawing Soap

成分
ingredient

成品份量：約700g

基底油

油脂	用量	所占比例	備註
椰子油	130g	26.5%	—
棕櫚油	130g	26.5%	—
夏威夷果仁油	50g	10.2%	—
杏桃核仁油	130g	26.5%	—
葵花籽油	50g	10.2%	—
合計	490g	100%	

鹼液

材料	用量	備註
氫氧化鈉（98%純度）	75.7g	無減鹼
水（28%）	137g	冰塊110g左右＋其餘為水

添加材料

種類	備註
精油（13ml）	天竺葵3ml＋快樂鼠尾草7ml＋廣藿香3ml
天然粉末	艾草、珍珠
氧化物	液狀氧化鉻綠、液狀二氧化鈦（手工皂用）

脂肪酸構成比例

飽和脂肪酸（38.4%）				不飽和脂肪酸（55.4%）				其他（6.2%）
月桂酸	肉豆蔻酸	棕櫚酸	硬脂酸	蓖麻油酸	油酸	亞麻油酸	次亞麻油酸	其他
12.7%	5.3%	17.3%	3.0%	0%	37.6%	17.7%	0.1%	6.2%

基本工具
basic tools

加熱工具、手持攪拌棒、電子秤、電子溫度計

量杯、旋轉蓋容器、矽膠刮刀、湯匙、篩網、丁腈手套

矽膠製模具（1kg容量）

竹籤

事先準備

將艾草、珍珠粉末事先與葵花籽油調合成泥。

（稀釋比例可參照243頁的表格數據）

將水與冰塊倒入旋轉蓋容器中測量所需用量，而氫氧化鈉則另以小的不鏽鋼量杯盛裝測量用量。

將氫氧化鈉加入水中後，立刻將蓋子旋緊並均勻搖晃，製作鹼液。

先取出飽和脂肪酸含量高的油脂（椰子、棕櫚、豬油等）所需用量，並加熱至60～62°C之間。

接著再加入剩下所需的油脂用量，並等其降溫至40°C左右。

鹼液以篩網過篩，加入基底油中（此時鹼液溫度大約保持在30～40°C之間較為適當）。

以矽膠刮刀輕輕地攪拌約2分鐘。

7

接著打開手持攪拌棒，調整至低速模式，均勻攪拌。

8

加進精油後，再以矽膠刮刀充分攪拌均勻。

9

持續慢慢攪拌皂液，直到呈現trace第二階段。

10

分別將皂液按照下表份量，倒入兩個塑膠量杯內，並各自加入調合好的色泥攪拌均勻。

11

倒入500g的綠色皂液入模具中。

12

沿著模具側面倒入白色皂液至五處不會彼此影響的區域中。

彩色皂液調配比例

顏色	皂液	添加物種類	添加量	備註
綠色	600g	艾草粉	10g	事先以油調勻成泥狀
		液狀氧化鉻綠	2g	請參考P244
		液狀二氧化鈦（手工皂用）	1g	請參考P244
白色	100g	珍珠粉	2g	事先以油調勻成泥狀
		液狀二氧化鈦（手工皂用）	1g	請參考P244

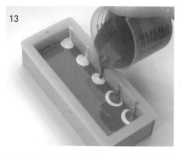

接著在剛剛步驟12倒入的白色皂液上，一樣沿著側邊倒入綠色皂液。

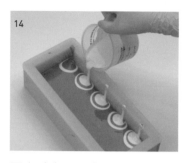

再次重複一次步驟12與13。

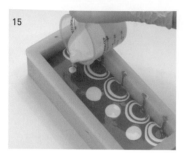

接著，在模具縱向的中心線上，將白色皂液倒入四個均分中心線的點上。

接著在剛剛步驟15倒入的白色皂液上，再倒入綠色皂液。

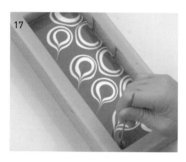

再次重複一次步驟15與16，接著用竹籤，從綠白同心圓的中心，往外拉線。

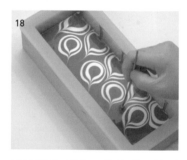

用同樣的手法，修整剩下的同心圓圖樣。

蓋上模具的蓋子，進入保溫步驟。

20. 保溫步驟完成後，將手工皂裁切成所需的尺寸，並靜置風乾4週以上，便可使用。

21. 裁切完並經過6～8週靜置、完全風乾後的手工皂，可以用真空包裝保存，便可長期維持乾爽的狀態。

tip

○ 保溫結束後，將手工皂以橫向做裁切。

天然羊乳皂

Goat Milk Powder Soap

成分
ingredient

成品份量：約1,020g

基底油

油脂	用量	所占比例	備註
椰子油	150g	21.4%	—
棕櫚油	150g	21.4%	—
山茶花油	100g	14.3%	—
玉米胚芽油	100g	14.3%	—
橄欖油	200g	28.6%	—
合計	700g	100%	

鹼液

材料	用量	備註
氫氧化鈉（98%純度）	105.8g	無減鹼
水（28%）	196g	冰塊156g左右＋其餘為水

添加材料

種類	備註
精油（20ml）	薰衣草20ml
天然粉末	山羊奶粉15g
	爐甘石、紅檀木、青黛
氧化物	液狀二氧化鈦（手工皂用）

脂肪酸構成比例

飽和脂肪酸（36.1%）				不飽和脂肪酸（60.2%）				其他（3.7%）
月桂酸	肉豆蔻酸	棕櫚酸	硬脂酸	蓖麻油酸	油酸	亞麻油酸	次亞麻油酸	其他
10.3%	4.3%	18.4%	3.1%	0%	45.4%	14.4%	0.4%	3.7%

基本工具
basic tools

加熱工具、手持攪拌棒、電子秤、電子溫度計

量杯、旋轉蓋容器、矽膠刮刀、湯匙、篩網、丁腈手套

矽膠製模具（1kg容量）

長嘴量杯、方型壓克力片（修整手工皂表面用）

事先準備

將爐甘石、紅檀木、青黛粉末，各自事先與葵花籽油調合成泥。

（稀釋比例可參照243的表格數據）

1

將水與冰塊倒入旋轉蓋容器中測量所需用量，而氫氧化鈉則另以小的不鏽鋼量杯盛裝測量用量。

2

將氫氧化鈉加入水中後，立刻將蓋子旋緊並均勻搖晃，製作鹼液。

3

先取出飽和脂肪酸含量高的油脂（椰子、棕櫚、豬油等）所需用量，並加熱至60～62℃之間。

4

接著再加入剩下所需的油脂用量，並等其降溫至40℃左右。

5

鹼液以篩網過篩，加入基底油中（此時鹼液溫度大約保持在30～40℃之間較為適當）。

6

以矽膠刮刀輕輕地攪拌約2分鐘。

7

加入山羊奶粉末後,打開手持攪拌棒,調整至低速模式,均勻攪拌。

8

加進精油後,再以矽膠刮刀充分攪拌均勻。

9

持續慢慢攪拌皂液,直到呈現trace第二階段。

10

分別將皂液按照下表份量,倒入三個塑膠量杯內,並各自加入調合好的色泥攪拌均勻。

11

把粉紅色的皂液全數倒入模具中。

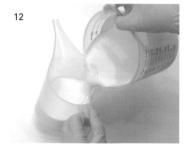

12

在長嘴量杯中倒入白色皂液。

彩色皂液調配比例

顏色	皂液	添加物種類	添加量	備註
粉紅色	300g	爐甘石粉	3g	事先以油調勻成泥狀
		紅檀木粉	1g	事先以油調勻成泥狀
		液狀二氧化鈦(手工皂用)	1g	請參考P244
天藍色	200g	青黛粉	2g	事先以油調勻成泥狀
		液狀二氧化鈦(手工皂用)	3g	請參考P244
白色	510g	液狀二氧化鈦(手工皂用)	7g	請參考P244

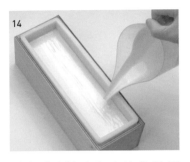

將量杯長嘴處,從粉紅色皂液上方靠近表面的位置,慢慢倒入白色皂液,並來回移動拉長成條狀。

以此手法將白色皂液全數倒入。

接著取模具縱向剖半的位置,倒入天藍色皂液。

利用方型壓克力片,修整表面的形狀。

蓋上模具的蓋子,進入保溫步驟。

18. 保溫步驟完成後,將手工皂裁切成所需的尺寸,並靜置風乾4週以上,便可使用。

19. 裁切完並經過6～8週靜置、完全風乾後的手工皂,可以用真空包裝保存,便可長期維持乾爽的狀態。

tip

○ 皂液全部倒入模具後,利用壓克力片修整表面的手法,非常方便。

大理石紋皂

Marble Soap

成分
ingredient

成品份量：約1,025g

基底油

油脂	用量	所占比例	備註
椰子油	200g	28.6%	—
棕櫚油	200g	28.6%	—
綠茶籽油	150g	21.4%	—
橄欖油	150g	21.4%	—
合計	700g	100%	

鹼液

材料	用量	備註
氫氧化鈉（98%純度）	109g	無減鹼
水（29%）	203g	冰塊160g左右＋其餘為水

添加材料

種類	備註
精油（20ml）	薰衣草10ml＋尤加利5ml＋迷迭香5ml
天然粉末	天然發酵青黛、白礦泥
氧化物	液狀二氧化鈦（手工皂用）

脂肪酸構成比例

飽和脂肪酸（42.6%）				不飽和脂肪酸（51.8%）				其他（5.6%）
月桂酸	肉豆蔻酸	棕櫚酸	硬脂酸	蓖麻油酸	油酸	亞麻油酸	次亞麻油酸	其他
13.7%	5.7%	19.9%	3.4%	0%	43.4%	8.1%	0.2%	5.6%

基本工具
basic tools

加熱工具、手持攪拌棒、電子秤、電子溫度計

量杯、旋轉蓋容器、矽膠刮刀、湯匙、篩網、丁腈手套

矽膠製模具（1kg容量）

長嘴量杯

事先準備

將天然發酵青黛、白礦泥粉末，各自事先與葵花籽油調合成泥。

（稀釋比例可參照243頁的表格數據）

1
將水與冰塊倒入旋轉蓋容器中測量所需用量，而氫氧化鈉則另以小的不鏽鋼量杯盛裝測量用量。

2
將氫氧化鈉加入水中後，立刻將蓋子旋緊並均勻搖晃，製作鹼液。

3
先取出飽和脂肪酸含量高的油脂（椰子、棕櫚、豬油等）所需用量，並加熱至60～62℃之間。

4
接著再加入剩下所需的油脂用量，並等其降溫至40℃左右。

5
鹼液以篩網過篩，加入基底油中（此時鹼液溫度大約保持在30～40℃之間較為適當）。

6
以矽膠刮刀輕輕地攪拌約2分鐘。

7

打開手持攪拌棒，調整至低速
模式，均勻攪拌。

8

加進精油後，再以矽膠刮刀充
分攪拌均勻。

9

持續慢慢攪拌皂液，直到呈現
trace第二階段。

10

分別將皂液按照下表份量，倒
入兩個塑膠量杯內，並各自加
入調合好的色泥攪拌均勻。

11

在長嘴量杯中倒入300g的白
色皂液。

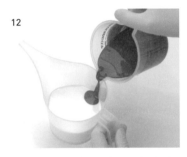

12

沿著長嘴量杯的側面，慢慢倒
入20g的海軍藍皂液。

彩色皂液調配比例

顏色	皂液	添加物種類	添加量	備註
海軍藍	60g	天然發酵青黛粉	1g	事先以油調勻成泥狀
		液狀二氧化鈦（手工皂用）	1g	請參考P244
白色	940g	白礦泥粉	10g	事先以油調勻成泥狀
		液狀二氧化鈦（手工皂用）	10g	請參考P244

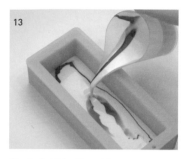

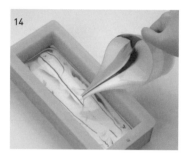

將長嘴量杯靠近模具，避免傾倒時的高度過高，並沿著模具的縱向，來回移動倒入。

複步驟12～13直至皂液全數倒入模具中。

蓋上模具的蓋子，進入保溫步驟。

16. 保溫步驟完成後，將手工皂裁切成所需的尺寸，並靜置風乾4週以上，便可使用。

17. 裁切完並經過6～8週靜置、完全風乾後的手工皂，可以用真空包裝保存，便可長期維持乾爽的狀態。

tip

o 保溫結束後，將手工皂以橫向做裁切。

點點造型皂

Natural Dot Soap

成分
ingredient

成品份量：約1,050g

基底油

油脂	用量	所占比例	備註
椰子油	160g	22.9%	—
棕櫚油	160g	22.9%	—
山茶花油	150g	21.4%	—
玉米胚芽油	80g	11.4%	—
橄欖油	150g	21.4%	—
合計	700g	100%	

鹼液

材料	用量	備註
氫氧化鈉（98%純度）	106.5g	無減鹼
水（28%）	196g	冰塊156g左右＋其餘為水

添加材料

種類	備註
精油（20ml）	薰衣草10ml＋茶樹5ml＋乳香5ml
天然粉末	備長炭、青黛、爐甘石、白礦泥
雲母粉	紫色
氧化物	液狀二氧化鈦（手工皂用）

脂肪酸構成比例

飽和脂肪酸（37.1%）				不飽和脂肪酸（58.9%）				其他（4.0%）
月桂酸	肉豆蔻酸	棕櫚酸	硬脂酸	蓖麻油酸	油酸	亞麻油酸	次亞麻油酸	其他
11.0%	4.6%	18.4%	3.1%	0%	45.7%	12.9%	0.3%	4.0%

基本工具
basic tools

加熱工具、手持攪拌棒、電子秤、電子溫度計

量杯、旋轉蓋容器、矽膠刮刀、湯匙、篩網、丁腈手套

矽膠製模具（1kg容量）

塑膠擠花袋、剪刀

事先準備

將備長炭、青黛、爐甘石、白礦泥粉末，各自事先與葵花籽油調合成泥。

（稀釋比例可參照243頁的表格數據）

1

將水與冰塊倒入旋轉蓋容器中測量所需用量，而氫氧化鈉則另以小的不鏽鋼量杯盛裝測量用量。

2

將氫氧化鈉加入水中後，立刻將蓋了旋緊並均勻搖晃，製作鹼液。

3

先取出飽和脂肪酸含量高的油脂（椰子、棕櫚、豬油等）所需用量，並加熱至60～62℃之間。

4

接著再加入剩下所需的油脂用量，並等其降溫至40℃左右。

5

鹼液以篩網過篩，加入基底油中（此時鹼液溫度大約保持在30～40℃之間較為適當）。

6

以矽膠刮刀輕輕地攪拌約2分鐘。

7 打開手持攪拌棒，調整至低速模式，均勻攪拌。

8 加進精油後，再以矽膠刮刀充分攪拌均勻。

9 持續慢慢攪拌皂液，直到呈現trace第四階段。

10 分別將皂液按照下表份量，倒入五個塑膠量杯內，並各自加入調合好的色泥攪拌均勻。

11 接著把五種顏色皂液裝入塑膠擠花袋中。

12 擠花袋裝好後，每袋都以剪刀剪去前方尖嘴處2cm長。

彩色皂液調配比例

顏色	皂液	添加物種類	添加量	備註
灰色	200g	備長炭粉	1g	事先以油調勻成泥狀
		液狀二氧化鈦（手工皂用）	1g	請參考P244
紫羅蘭	200g	紫色雲母粉	少量	1/2茶匙
		液狀二氧化鈦（手工皂用）	1g	請參考P244
天空藍	200g	青黛粉	1g	事先以油調勻成泥狀
		液狀二氧化鈦（手工皂用）	2g	請參考P244
粉紅色	200g	爐甘石粉	3g	事先以油調勻成泥狀
		液狀二氧化鈦（手工皂用）	1g	請參考P244
白色	200g	白礦泥粉	2g	事先以油調勻成泥狀
		液狀二氧化鈦（手工皂用）	2g	請參考P244

13

14

15

將每個顏色的皂液,一個個擠入模具中,並避免同樣顏色色塊相接。

不斷重複步驟13,直至填滿模具。

蓋上模具的蓋子,進入保溫步驟。

17. 保溫步驟完成後,將手工皂裁切成所需的尺寸,並靜置風乾4週以上,便可使用。

18. 裁切完並經過6～8週靜置、完全風乾後的手工皂,可以用真空包裝保存,便可長期維持乾爽的狀態。

tip

○ 保溫結束後,將手工皂以橫向做裁切。

雙色波紋皂

2Color Wave Soap

成分
ingredient

成品份量：約1kg

基底油

油脂	用量	所占比例	備註
椰子油	180g	25.7%	—
棕櫚油	180g	25.7%	—
山茶花油	160g	22.9%	—
夏威夷果仁油	80g	11.4%	—
杏桃核仁油	100g	14.3%	—
合計	700g	100%	

鹼液

材料	用量	備註
氫氧化鈉（98%純度）	108.1g	無減鹼
水（28%）	196g	冰塊156g左右＋其餘為水

添加材料

種類	備註
精油（20ml）	薰衣草10ml＋檸檬5ml＋尤加利5ml
天然粉末	天然發酵青黛、可可
氧化物	液狀氧化鐵黃、液狀二氧化鈦（手工皂用）

脂肪酸構成比例

飽和脂肪酸（38.1%）				不飽和脂肪酸（54.9%）				其他（7.0%）
月桂酸	肉豆蔻酸	棕櫚酸	硬脂酸	蓖麻油酸	油酸	亞麻油酸	次亞麻油酸	其他
12.3%	5.1%	17.6%	3.1%	0%	45.9%	9.0%	0%	7.0%

基本工具
basic tools

加熱工具、手持攪拌棒、電子秤、電子溫度計

量杯、旋轉蓋容器、矽膠刮刀、湯匙、篩網、丁腈手套

矽膠製模具（1kg容量）

模具隔層（保麗龍板）

事先準備

將天然發酵青黛、可可粉末，各自事先與葵花籽油調合成泥。

（稀釋比例可參照243頁的表格數據）

將水與冰塊倒入旋轉蓋容器中測量所需用量，而氫氧化鈉則另以小的不鏽鋼量杯盛裝測量用量。

將氫氧化鈉加入水中後，立刻將蓋子旋緊並均勻搖晃，製作鹼液。

先取出飽和脂肪酸含量高的油脂（椰子、棕櫚、豬油等）所需用量，並加熱至60～62℃之間。

接著再加入剩下所需的油脂用量，並等其降溫至40℃左右。

鹼液以篩網過篩，加入基底油中（此時鹼液溫度大約保持在30～40℃之間較為適當）。

以矽膠刮刀輕輕地攪拌約2分鐘。

7

打開手持攪拌棒，調整至低速模式，均勻攪拌。

8

加進精油後，再以矽膠刮刀充分攪拌均勻。

9

持續慢慢攪拌皂液，直到呈現trace第二階段。

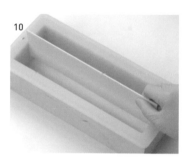

10

模具中放入隔層，縱向切成兩個等距空間。

11

分別將皂液按照下表份量，倒入三個塑膠量杯內，並各自加入調合好的色泥攪拌均勻。

12

在模具的半邊隔間內，將海軍藍以及白色皂液，順著單一直線方向，輪流沿著側壁倒入。

彩色皂液調配比例

顏色	皂液	添加物種類	添加量	備註
海軍藍	250g	天然發酵青黛粉	1g	事先以油調勻成泥狀
		液狀二氧化鈦（手工皂用）	10滴	請參考P244
棕色	250g	可可粉	1g	事先以油調勻成泥狀
		液狀氧化鐵黃（手工皂用）	10滴	請參考P244
		液狀二氧化鈦（手工皂用）	5滴	請參考P244
白色	500g	液狀二氧化鈦（手工皂用）	10g	請參考P244

13

14

15

海軍藍皂液全數倒入，而白色皂液則需留下一半的量。

以步驟12同樣手法，將棕色與剩餘的白色皂液倒入另一半隔層。

小心地取出中間隔板。

16

蓋上模具的蓋子，進入保溫步驟。

17. 保溫步驟完成後，將手工皂裁切成所需的尺寸，並靜置風乾4週以上，便可使用。

18. 裁切完並經過6～8週靜置、完全風乾後的手工皂，可以用真空包裝保存，便可長期維持乾爽的狀態。

tip

○ 保溫結束後，將手工皂以橫向做裁切。

條紋造型皂

Straight Line Soap

成分
ingredient

成品份量：約1,015g

基底油

油脂	用量	所占比例	備註
椰子油	180g	25.7%	—
棕櫚油	180g	25.7%	—
綠茶籽油	90g	12.9%	—
山茶花油	180g	25.7%	—
葵花籽油	70g	10.0%	—
合計	700g	100%	

鹼液

材料	用量	備註
氫氧化鈉（98%純度）	107.9g	無減鹼
水（28%）	196g	冰塊156g左右＋其餘為水

添加材料

種類	備註
精油（20ml）	薰衣草10ml＋檸檬5ml＋茶樹5ml
天然粉末	備長炭、青黛、南瓜
氧化物	液狀氧化鐵黃、液狀二氧化鈦（手工皂用）

脂肪酸構成比例

飽和脂肪酸（38.4%）				不飽和脂肪酸（56.1%）				其他（5.5%）
月桂酸	肉豆蔻酸	棕櫚酸	硬脂酸	蓖麻油酸	油酸	亞麻油酸	次亞麻油酸	其他
12.3%	5.1%	17.7%	3.2%	0%	42.6%	13.4%	0.1%	5.5%

基本工具
basic tools

加熱工具、手持攪拌棒、電子秤、電子溫度計

量杯、旋轉蓋容器、矽膠刮刀、湯匙、篩網、丁腈手套

矽膠製模具（1kg容量）

模具隔層3片（保麗龍板）

事先準備

將備長炭、青黛、南瓜粉末，各自事先與葵花籽油調合成泥。

（稀釋比例可參照243頁的表格數據）

1

將水與冰塊倒入旋轉蓋容器中測量所需用量，而氫氧化鈉則另以小的不鏽鋼量杯盛裝測量用量。

2

將氫氧化鈉加入水中後，立刻將蓋子旋緊並均勻搖晃，製作鹼液。

3

先取出飽和脂肪酸含量高的油脂（椰子、棕櫚、豬油等）所需用量，並加熱至60～62℃之間。

接著再加入剩下所需的油脂用量，並等其降溫至40℃左右。

5

鹼液以篩網過篩，加入基底油中（此時鹼液溫度大約保持在30～40℃之間較為適當）。

6

以矽膠刮刀輕輕地攪拌約2分鐘。

打開手持攪拌棒,調整至低速模式,均勻攪拌。

加進精油後,再以矽膠刮刀充分攪拌均勻。

持續慢慢攪拌皂液,直到呈現trace第二階段。

分別將皂液按照下表份量,倒入三個塑膠量杯內,並各自加入調合好的色泥攪拌均勻。

在模具的中間位置放入一片隔板,左右兩邊各距離2cm位置,放上另外兩片隔板。

用手輕輕壓住隔板固定位置,避免其移動或晃動,將白色皂液各分一半倒入前後兩大隔間中。

彩色皂液調配比例

顏色	皂液	添加物種類	添加量	備註
海軍藍	100g	備長炭粉	1g	事先以油調勻成泥狀
		青黛粉	1g	事先以油調勻成泥狀
		液狀二氧化鈦（手工皂用）	1g	請參考P244
黃色	100g	南瓜粉	3g	事先以油調勻成泥狀
		液狀氧化鐵黃（手工皂用）	10滴	請參考P244
		液狀二氧化鈦（手工皂用）	1g	請參考P244
白色	800g	液狀二氧化鈦（手工皂用）	20g	請參考P244

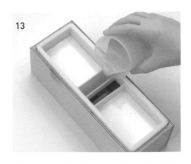

13

14

黃色、海軍藍皂液則分別倒入
小隔間中。

小心地取出中間隔板。

15

15-1

16

利用塑膠湯匙的把手部分，以黃色皂液作出發點，縱向來回畫
出Z字型。

蓋上模具的蓋子，進入保溫步
驟。

17. 保溫步驟完成後，將手工皂裁切成所需的尺寸，並靜置風乾4週以上，便可使用。

18. 裁切完並經過6～8週靜置、完全風乾後的手工皂，可以用真空包裝保存，便可長期維持乾爽的
狀態。

tip

○ 保溫結束後，將手工皂以橫向
裁切，或是直接裁成方塊體。

夏日海灘造型皂
Summer Beach Soap

成分
ingredient

成品份量：約1,150g

基底油

油脂	用量	所占比例	備註
椰子油	190g	27.2%	—
棕櫚油	190g	27.2%	—
夏威夷果仁油	80g	11.4%	—
杏桃核仁油	100g	14.3%	—
玉米胚芽油	80g	11.4%	—
榛果油	60g	8.5%	—
合計	700g	100%	

鹼液

材料	用量	備註
氫氧化鈉（98%純度）	108.7g	無減鹼
水（28%）	196g	冰塊156g左右＋其餘為水

添加材料

種類	備註
精油（20ml）	薰衣草5ml＋檸檬5ml＋尤加利5ml＋松樹5ml
天然粉末	諾麗果、青黛
雲母粉	棕色
氧化物	液狀二氧化鈦（手工皂用）

脂肪酸構成比例

飽和脂肪酸（39.8%）				不飽和脂肪酸（53.2%）				其他（7.1%）
月桂酸	肉豆蔻酸	棕櫚酸	硬脂酸	蓖麻油酸	油酸	亞麻油酸	次亞麻油酸	其他
13.0%	5.4%	18.1%	3.2%	0%	39.0%	14.0%	0.1%	7.1%

基本工具
basic tools

加熱工具、手持攪拌棒、電子秤、電子溫度計

量杯、旋轉蓋容器、矽膠刮刀、湯匙、篩網、丁腈手套

壓克力或是矽膠製模具（1kg容量、貝殼樣式）

長嘴量杯、雲母粉專用噴霧容器

事先準備

將諾麗果、青黛粉末，各自事先與葵花籽油調合成泥。（稀釋比例可參照243頁的表格數據）

把手邊剩餘皂角弄濕成團後，緊壓至貝殼樣式模具中，製作裝飾用貝殼皂塊。

雲母粉裝進專用噴器中備用。

將水與冰塊倒入旋轉蓋容器中測量所需用量，而氫氧化鈉則另以小的不鏽鋼量杯盛裝測量用量。

將氫氧化鈉加入水中後，立刻將蓋子旋緊並均勻搖晃，製作鹼液。

先取出飽和脂肪酸含量高的油脂（椰子、棕櫚、豬油等）所需用量，並加熱至60～62℃之間。

接著再加入剩下所需的油脂用量，並等其降溫至40℃左右。

鹼液以篩網過篩，加入基底油中（此時鹼液溫度大約保持在30～40℃之間較為適當）。

以矽膠刮刀輕輕地攪拌約2分鐘。

7

打開手持攪拌棒，調整至低速模式，均勻攪拌。

8

加進精油後，再以矽膠刮刀充分攪拌均勻。

9

持續慢慢攪拌皂液，直到呈現trace第三階段。

10

分別將皂液按照下表份量，倒入三個塑膠量杯內，並各自加入調合好的色泥攪拌均勻。

11

盛裝180g的天藍色皂液至長嘴量杯中。

12

將白色皂液25g，倒入步驟11的長嘴量杯中。

彩色皂液調配比例

顏色	皂液	添加物種類	添加量	備註
天藍色	540g	青黛粉	2g	事先以油調勻成泥狀
		液狀二氧化鈦（手工皂用）	5g	請參考P244
白色	80g	液狀二氧化鈦（手工皂用）	2g	請參考P244
米色	400g	諾麗果粉	4g	事先以油調勻成泥狀

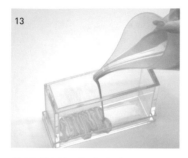

13

將長嘴量杯中的皂液，順著模具短邊方向來回倒入模具中。

14

重複步驟11～13兩次。

15

米色皂液則利用湯匙舀取，一匙匙盛裝入模具中。

16

利用湯匙在表面劃出深淺不一的樣子。

17

剩餘的一點點白色皂液，也利用湯匙舀取，鋪在模具縱向半邊。

18

擺上剛剛準備好的貝殼造型皂塊當作裝飾。

表層的半邊，噴上薄薄一層棕
色雲母粉。

以皂用保鮮膜包覆壓克力模具
上方，進入保溫步驟。

21. 保溫步驟完成後，將手工皂裁切成所需的尺寸，並靜置風乾4週以上，便可使用。

22. 裁切完並經過6～8週靜置、完全風乾後的手工皂，可以用真空包裝保存，便可長期維持乾爽的
　　狀態。

o 手工皂經過裁切或是修邊後，剩餘的
　皂角可以密封在塑膠袋裡保存，便可
　以再次利用，製作裝飾皂塊。

o 用手把濕的皂塊捏成團狀，緊緊壓至
　模具內，再取出即可。

水滴紋造型皂

Waterdrop Soap

成分
ingredient

成品份量：約500g

基底油

油脂	用量	所占比例	備註
椰子油	80g	22.9%	—
棕櫚油	80g	22.9%	—
山茶花油	100g	28.5%	—
甜杏仁油	90g	25.7%	—
合計	350g	100%	

鹼液

材料	用量	備註
氫氧化鈉（98%純度）	53.4g	無減鹼
水（27%）	95g	冰塊76g左右＋其餘為水

添加材料

種類	備註
精油（10ml）	薰衣草5ml＋檸檬3ml＋茶樹2ml
雲母粉	綠松石、紫色
氧化物	液狀二氧化鈦（手工皂用）

脂肪酸構成比例

飽和脂肪酸（34.4%）				不飽和脂肪酸（60.7%）				其他（4.9%）
月桂酸	肉豆蔻酸	棕櫚酸	硬脂酸	蓖麻油酸	油酸	亞麻油酸	次亞麻油酸	其他
11.0%	4.6%	16.5%	2.4%	0%	51.0%	9.7%	0%	4.9%

基本工具
basic tools

加熱工具、手持攪拌棒、電子秤、電子溫度計

量杯、旋轉蓋容器、矽膠刮刀、湯匙、篩網、丁腈手套

矽膠製模具（1kg容量）

竹籤

將水與冰塊倒入旋轉蓋容器中測量所需用量,而氫氧化鈉則另以小的不鏽鋼量杯盛裝測量用量。

將氫氧化鈉加入水中後,立刻將蓋子旋緊並均勻搖晃,製作鹼液。

先取出飽和脂肪酸含量高的油脂(椰子、棕櫚、豬油等)所需用量,並加熱至60～62℃之間。

接著再加入剩下所需的油脂用量,並等其降溫至40℃左右。

鹼液以篩網過篩,加入基底油中(此時鹼液溫度大約保持在30～40℃之間較為適當)。

以矽膠刮刀輕輕地攪拌約2分鐘。

7

打開手持攪拌棒，調整至低速模式，均勻攪拌。

8

加進精油後，再以矽膠刮刀充分攪拌均勻。

9

持續慢慢攪拌皂液，直到呈現trace第二階段。

10

分別將皂液按照下表份量，倒入三個塑膠量杯內，並各自加入調合好的色泥攪拌均勻。

11

模具中倒入300g的白色皂液。

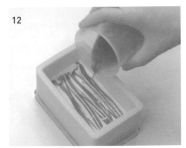

12

綠松色皂液以縱向來回的方式倒入，傾倒時的高度可以不斷改變。

彩色皂液調配比例

顏色	皂液	添加物種類	添加量	備註
綠松色	50g	綠松石雲母粉	少量	1/3茶匙
紫羅蘭	50g	紫色雲母粉	少量	1/3茶匙
白色	400g	液狀二氧化鈦（手工皂用）	15g	請參考P244

接著同樣以步驟12的手法，再倒入一層白色皂液。

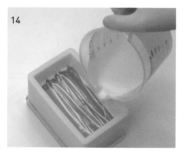

重複步驟12～13，直至綠松色皂液全數用完，而白色皂液剩餘½的量。

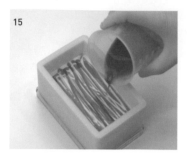

以同樣手法，將紫羅蘭色皂液與白色皂液全數倒入模具中。

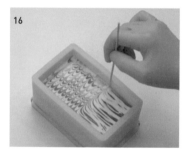

利用竹籤，順著短邊的方向，從左至右，在皂液表層拉一條條直線。此時，請注意不要讓竹籤陷入皂液過深。

蓋上模具的蓋子，進入保溫步驟。

18. 保溫步驟完成後，將手工皂裁切成所需的尺寸，並靜置風乾4週以上，便可使用。

19. 裁切完並經過6～8週靜置、完全風乾後的手工皂，可以用真空包裝保存，便可長期維持乾爽的狀態。

四層色彩手工皂

4Color Layered Soap

成分
ingredient

成品份量：約1,080g

基底油

油脂	用量	所占比例	備註
椰子油	200g	26.7%	—
棕櫚油	200g	26.7%	—
山茶花油	150g	20.0%	—
玉米胚芽油	100g	13.3%	—
葵花籽油	100g	13.3%	—
合計	750g	100%	

鹼液

材料	用量	備註
氫氧化鈉（98%純度）	115.9g	無減鹼
水（28%）	210g	冰塊165g左右＋其餘為水

添加材料

種類	備註
精油（20ml）	薰衣草
天然粉末	紅礦泥、膨潤土、黃礦泥、天然發酵青黛
氧化物	液狀氧化鐵紅、液狀二氧化鈦（手工皂用）

脂肪酸構成比例

飽和脂肪酸（39.9%）				不飽和脂肪酸（55.5%）				其他（4.5%）
月桂酸	肉豆蔻酸	棕櫚酸	硬脂酸	蓖麻油酸	油酸	亞麻油酸	次亞麻油酸	其他
12.8%	5.3%	18.5%	3.3%	0%	34.3%	20.9%	0.3%	4.5%

基本工具
basic tools

加熱工具、手持攪拌棒、電子秤、電子溫度計

量杯、旋轉蓋容器、矽膠刮刀、湯匙、篩網、丁腈手套

矽膠製模具（1kg容量）

方型壓克力片（修整手工皂表面用）

事先準備

將紅礦泥、膨潤土、黃礦泥、天然發酵青黛粉末，各自事先與葵花籽油調合成泥。

（稀釋比例可參照243頁的表格數據）

1

將水與冰塊倒入旋轉蓋容器中測量所需用量，而氫氧化鈉則另以小的不鏽鋼量杯盛裝測量用量。

2

將氫氧化鈉加入水中後，立刻將蓋子旋緊並均勻搖晃，製作鹼液。

3

先取出飽和脂肪酸含量高的油脂（椰子、棕櫚、豬油等）所需用量，並加熱至60～62℃之間。

4

接著再加入剩下所需的油脂用量，並等其降溫至40℃左右。

5

鹼液以篩網過篩，加入基底油中（此時鹼液溫度大約保持在30～40℃之間較為適當）。

6

以矽膠刮刀輕輕地攪拌約2分鐘。

打開手持攪拌棒，調整至低速
模式，均勻攪拌。

加進精油後，再以矽膠刮刀充
分攪拌均勻。

持續慢慢攪拌皂液，直到呈現
trace第四階段。

分別將皂液按照下表份量，倒
入四個塑膠量杯內，並各自加
入調合好的色泥攪拌均勻。

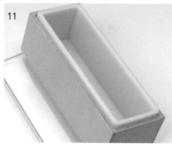

模具一邊墊高，使其傾斜。

海軍藍皂液以湯匙舀取，順著
縱向，盛裝至模具較低的半
邊。

彩色皂液調配比例

顏色	皂液	添加物種類	添加量	備註
白色	270g	膨潤土粉	2g	事先以油調勻成泥狀
		液狀二氧化鈦（手工皂用）	4g	請參考P244
海軍藍	270g	天然發酵青黛粉	2g	事先以油調勻成泥狀
		液狀二氧化鈦（手工皂用）	2g	請參考P244
紅色	270g	紅礦泥粉	2g	事先以油調勻成泥狀
		液狀二氧化鈦（手工皂用）	10滴	請參考P244
黃色	270g	黃礦泥粉	4g	事先以油調勻成泥狀
		液狀二氧化鈦（手工皂用）	10滴	請參考P244

13

撤掉墊高工具，將模具平放。
接著在另外半邊倒入黃色皂
液。

14

將紅色皂液倒入黃色的另一
邊。

15

再把白色皂液倒入紅色的另一
邊。

16

利用壓克力片修整皂液表面
後，蓋上模具的蓋子，進入保
溫步驟。

17. 保溫步驟完成後，將手工皂裁切成所需的尺寸，並靜置風乾4週以上，便可使用。

18. 裁切完並經過6～8週靜置、完全風乾後的手工皂，可以用真空包裝保存，便可長期維持乾爽的
    狀態。

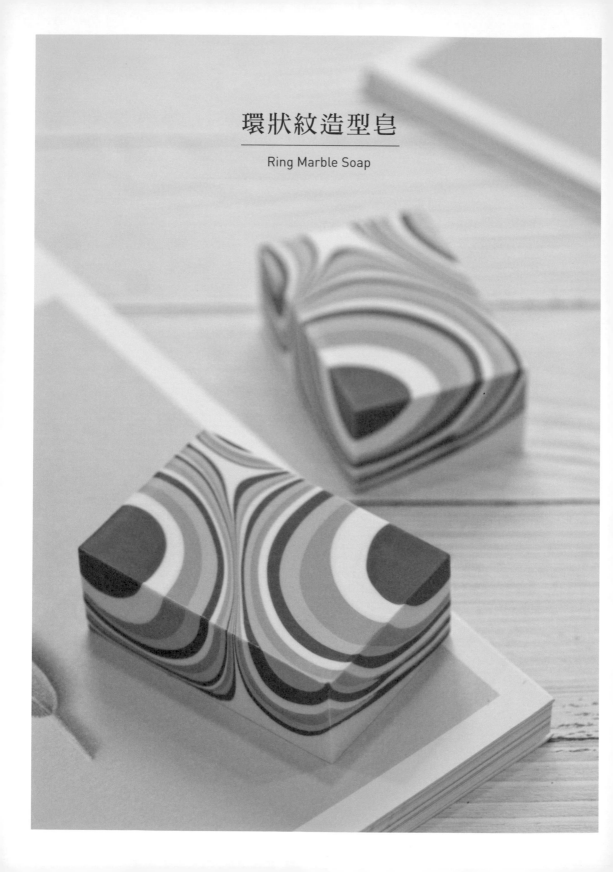

環狀紋造型皂

Ring Marble Soap

成分
ingredient

成品份量：約1,020g

基底油

油脂	用量	所占比例	備註
椰子油	350g	50%	—
葵花籽油	70g	10%	—
榛果油	280g	40%	—
合計	700g	100%	

鹼液

材料	用量	備註
氫氧化鈉（98%純度）	116g	無減鹼
水（29%）	203g	冰塊160g左右＋其餘為水

添加材料

種類	備註
精油（20ml）	檸檬6ml＋薄荷10ml＋薑4ml
天然粉末	備長炭、青黛、膨潤土
氧化物	液狀氧化鐵黃、液狀氧化鐵紅、液狀二氧化鈦（手工皂用）

脂肪酸構成比例

飽和脂肪酸（43.8%）				不飽和脂肪酸（47.7%）				其他（8.5%）
月桂酸	肉豆蔻酸	棕櫚酸	硬脂酸	蓖麻油酸	油酸	亞麻油酸	次亞麻油酸	其他
24.0%	9.5%	7.2%	3.1%	0%	35.6%	12.0%	0.1%	8.5%

基本工具
basic tools

加熱工具、手持攪拌棒、電子秤、電子溫度計
量杯、旋轉蓋容器、矽膠刮刀、湯匙、篩網、丁腈手套
矽膠製模具（1kg容量）

事先準備

將備長炭、膨潤土、青黛粉末，事先與葵花籽油調合成泥。

（稀釋比例可參照243頁的表格數據）

1

2

3

將水與冰塊倒入旋轉蓋容器中測量所需用量，而氫氧化鈉則另以小的不鏽鋼量杯盛裝測量用量。

將氫氧化鈉加入水中後，立刻將蓋子旋緊並均勻搖晃，製作鹼液。

先取出飽和脂肪酸含量高的油脂（椰子、棕櫚、豬油等）所需用量，並加熱至60～62°C之間。

4

5

6

接著再加入剩下所需的油脂用量，並等其降溫至40°C左右。

鹼液以篩網過篩，加入基底油中（此時鹼液溫度大約保持在30～40°C之間較為適當）。

以矽膠刮刀輕輕地攪拌約2分鐘。

7

打開手持攪拌棒，調整至低速
模式，均勻攪拌。

8

加進精油後，再以矽膠刮刀充
分攪拌均勻。

9

持續慢慢攪拌皂液，直到呈現
trace第二階段。

10

分別將皂液按照下表份量，倒
入四個塑膠量杯內，並各自加
入調合好的色泥攪拌均勻。

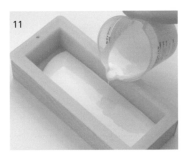

11

模具中倒入100g的白色皂液。

12

取四處不相鄰區域，沿著壁邊
倒入海軍藍皂液。

彩色皂液調配比例

顏色	皂液	添加物種類	添加量	備註
海軍藍	220g	備長炭粉	1g	事先以油調勻成泥狀
		青黛粉	1g	事先以油調勻成泥狀
		液狀二氧化鈦（手工皂用）	2g	請參考P244
天空藍	220g	青黛粉	1g	事先以油調勻成泥狀
		液狀二氧化鈦（手工皂用）	3g	請參考P244
橘色	220g	液狀氧化鐵黃（手工皂用）	2g	請參考P244
		液狀氧化鐵紅（手工皂用）	10滴	請參考P244
		液狀二氧化鈦（手工皂用）	2g	請參考P244
白色	340g	膨潤土粉	2g	事先以油調勻成泥狀
		液狀二氧化鈦（手工皂用）	3g	請參考P244

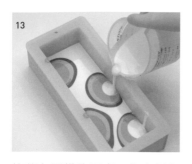

接著在同樣的四處,依序倒入
天空藍、橘色、白色皂液。

重覆步驟12～13,直至有色
皂液全數用盡。

蓋上模具的蓋子,進入保溫步
驟。

16. 保溫步驟完成後,將手工皂裁切成所需的尺寸,並靜置風乾4週以上,便可使用。

17. 裁切完並經過6～8週靜置、完全風乾後的手工皂,可以用真空包裝保存,便可長期維持乾爽的
狀態。

tip

◦ 保溫結束後,將手工皂以橫
向裁切。

CEREAL
Travel & Lifestyle VOL. 8
시리얼

孔雀羽毛造型皂
Peacock Marble Soap

成分
ingredient

成品份量：約900g

基底油

油脂	用量	所占比例	備註
椰子油	180g	28.1%	—
棕櫚油	180g	28.1%	—
甜杏仁油	100g	15.6%	—
玉米胚芽油	100g	15.6%	—
葵花籽油	80g	12.6%	—
合計	640g	100%	

鹼液

材料	用量	備註
氫氧化鈉（98%純度）	99.5g	無減鹼
水（28%）	179g	冰塊143g左右＋其餘為水

添加材料

種類	備註
精油（17ml）	薰衣草7ml＋檸檬5ml＋尤加利5ml
天然粉末	備長炭、可可
氧化物	液狀氧化鉻綠、液狀氧化鐵黃、液狀二氧化鈦（手工皂用）

脂肪酸構成比例

飽和脂肪酸（40.9%）				不飽和脂肪酸（54.5%）				其他（4.6%）
月桂酸	肉豆蔻酸	棕櫚酸	硬脂酸	蓖麻油酸	油酸	亞麻油酸	次亞麻油酸	其他
13.5%	5.6%	18.8%	3.1%	0%	31.3%	22.9%	0.3%	4.6%

基本工具
basic tools

加熱工具、手持攪拌棒、電子秤、電子溫度計

量杯、旋轉蓋容器、矽膠刮刀、湯匙、篩網、丁腈手套

矽膠製模具（1kg容量）

尖嘴管擠壓瓶、拋棄式塑膠袋（迷你）、洋蔥切片固定叉

事先準備

將備長炭、可可粉末，事先與葵花籽油調合成泥。

（稀釋比例可參照243頁的表格數據）

1

將水與冰塊倒入旋轉蓋容器中測量所需用量，而氫氧化鈉則另以小的不鏽鋼量杯盛裝測量用量。

2

將氫氧化鈉加入水中後，立刻將蓋子旋緊並均勻搖晃，製作鹼液。

3

先取出飽和脂肪酸含量高的油脂（椰子、棕櫚、豬油等）所需用量，並加熱至60～62℃之間。

4

接著再加入剩下所需的油脂用量，並等其降溫至40℃左右。

5

鹼液以篩網過篩，加入基底油中（此時鹼液溫度大約保持在30～40℃之間較為適當）。

6

以矽膠刮刀輕輕地攪拌約2分鐘。

7

打開手持攪拌棒，調整至低速模式，均勻攪拌

8

加進精油後，再以矽膠刮刀充分攪拌均勻。

9

持續慢慢攪拌皂液，直到呈現trace第二階段。

10

分別將皂液按照下表份量，倒入四個塑膠量杯內，並各自加入調合好的色泥攪拌均勻。

11

模具中倒入320g的白色皂液。

12

四個尖嘴擠壓瓶中，分別套上塑膠袋，再將四種顏色倒入塑膠袋中。

彩色皂液調配比例

顏色	皂液	添加物種類	添加量	備註
白色	620g	液狀二氧化鈦（手工皂用）	10g	請參考P244
黑色	100g	備長炭粉	2g	事先以油調勻成泥狀
棕色	100g	可可粉	2g	事先以油調勻成泥狀
		液狀二氧化鈦（手工皂用）	10滴	請參考P244
綠色	100g	液狀氧化鉻綠（手工皂用）	1g	請參考P244
		液狀氧化鐵黃（手工皂用）	1g	請參考P244
		液狀二氧化鈦（手工皂用）	10滴	請參考P244

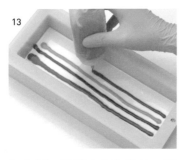

13

14

15

如上圖，除了白色皂液外，將另外三種顏色，取相同間隔畫直線。

接著在每條顏色的皂液間，擠上白色皂液。

重複步驟13～14，直至所有皂液用盡。

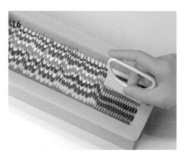

16

17

利用洋蔥切片固定叉，輕輕劃開表面，做出紋路。

蓋上模具的蓋子，進入保溫步驟。

18. 保溫步驟完成後，將手工皂裁切成所需的尺寸，並靜置風乾4週以上，便可使用。

19. 裁切完並經過6～8週靜置、完全風乾後的手工皂，可以用真空包裝保存，便可長期維持乾爽的狀態。

tip

○ 保溫結束後，將手工皂以橫向裁切。

同心圓皂

Cylinder Circle Soap

成分
ingredient

成品份量：約990g

基底油

油脂	用量	所占比例	備註
椰子油	180g	25.7%	—
棕櫚油	180g	25.7%	—
夏威夷果仁油	80g	11.4%	—
酪梨油	160g	22.9%	—
葵花籽油	100g	14.3%	—
合計	700g	100%	

鹼液

材料	用量	備註
氫氧化鈉（98%純度）	107.5g	無減鹼
水（29%）	203g	冰塊160g左右＋其餘為水

添加材料

種類	備註
精油（20ml）	薰衣草10ml＋檸檬5ml＋綠薄荷5ml
天然粉末	青黛、備長炭、爐甘石、可可、珍珠
氧化物	液狀二氧化鈦（手工皂用）

脂肪酸構成比例

飽和脂肪酸（41.4%）				不飽和脂肪酸（50.6%）				其他（8.1%）
月桂酸	肉豆蔻酸	棕櫚酸	硬脂酸	蓖麻油酸	油酸	亞麻油酸	次亞麻油酸	其他
12.3%	5.1%	20.2%	3.7%	0%	34.4%	16.1%	0.1%	8.1%

基本工具
basic tools

加熱工具、手持攪拌棒、電子秤、電子溫度計

量杯、旋轉蓋容器、矽膠刮刀、湯匙、篩網、丁腈手套

壓克力模具（圓柱狀）

尖嘴管擠壓瓶、拋棄式塑膠袋（迷你）

事先準備

將青黛、備長炭、爐甘石、可可、珍珠粉末，事先與葵花籽油調合成泥。

（稀釋比例可參照243頁的表格數據）

將水與冰塊倒入旋轉蓋容器中測量所需用量，而氫氧化鈉則另以小的不鏽鋼量杯盛裝測量用量。

將氫氧化鈉加入水中後，立刻將蓋子旋緊並均勻搖晃，製作鹼液。

先取出飽和脂肪酸含量高的油脂（椰子、棕櫚、豬油等）所需用量，並加熱至60～62℃之間。

接著再加入剩下所需的油脂用量，並等其降溫至40℃左右。

鹼液以篩網過篩，加入基底油中（此時鹼液溫度大約保持在30～40℃之間較為適當）。

以矽膠刮刀輕輕地攪拌約2分鐘。

7

打開手持攪拌棒，調整至低速模式，均勻攪拌。

8

加進精油後，再以矽膠刮刀充分攪拌均勻。

9

持續慢慢攪拌皂液，直到呈現trace第二階段。

10

分別將皂液按照下表份量，倒入五個塑膠量杯內，並各自加入調合好的色泥攪拌均勻。

11

五個尖嘴擠壓瓶中，套上塑膠袋，再將五種顏色分別倒入塑膠袋中。

12

將尖嘴擠壓瓶垂直對準模具圓心，依序擠出海軍藍、天藍色、白色皂液。

彩色皂液調配比例

顏色	皂液	添加物種類	添加量	備註
海軍藍	180g	青黛粉	1g	事先以油調勻成泥狀
		備長炭粉	1g	事先以油調勻成泥狀
		液狀二氧化鈦（手工皂用）	2g	請參考P244
天藍色	180g	青黛粉	1g	事先以油調勻成泥狀
		液狀二氧化鈦（手工皂用）	2g	請參考P244
棕色	180g	可可粉	2g	事先以油調勻成泥狀
		液狀二氧化鈦（手工皂用）	2g	請參考P244
粉紅色	180g	爐甘石粉	4g	事先以油調勻成泥狀
		液狀二氧化鈦（手工皂用）	1g	請參考P244
白色	300g	珍珠粉	3g	事先以油調勻成泥狀
		液狀二氧化鈦（手工皂用）	1g	請參考P244

依照喜好調節擠壓的量，直至
皂液填滿模具。

將尖嘴擠壓瓶垂直對準另一個
模具圓心，依序擠出棕色、粉
紅色、白色皂液。

依照喜好調節擠壓的量，直
至皂液填滿模具。

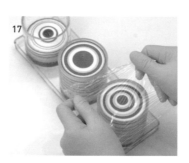

輪流將剩餘的皂液，用同樣的
手法，擠壓至另一個模具中。

以皂用保鮮膜覆蓋壓克力模具
上方，進入保溫步驟。

18. 保溫步驟完成後，將手工皂裁切成所需的尺寸，並靜置風乾4週以上，便可使用。

19. 裁切完並經過6～8週靜置、完全風乾後的手工皂，可以用真空包裝保存，便可長期維持乾爽的
狀態。

tip

○ 尖嘴擠壓瓶中，先套上塑膠袋再
倒入皂液，方便重複使用。

沙漠仙人掌造型皂

Desert Cactus Soap

成分
ingredient

成品份量：約1,200g

基底油

油脂	用量	所占比例	備註
椰子油	200g	28.6%	—
棕櫚油	200g	28.6%	—
杏桃核仁油	160g	22.8%	—
甜杏仁油	100g	14.3%	—
玉米胚芽油	40g	5.7%	—
合計	700g	100%	

鹼液

材料	用量	備註
氫氧化鈉（98%純度）	109g	無減鹼
水（28%）	196g	冰塊156g左右＋其餘為水

添加材料

種類	備註
精油（20ml）	薰衣草10ml＋天竺葵10ml
天然粉末	桑黃、青黛
氧化物	液狀氧化鐵黃、液狀二氧化鈦（手工皂用）

脂肪酸構成比例

飽和脂肪酸（40.0%）				不飽和脂肪酸（55.6%）				其他（4.3%）
月桂酸	肉豆蔻酸	棕櫚酸	硬脂酸	蓖麻油酸	油酸	亞麻油酸	次亞麻油酸	其他
13.7%	5.7%	18.2%	2.4%	0%	40.5%	15.1%	0.1%	4.3%

基本工具
basic tools

加熱工具、手持攪拌棒、電子秤、電子溫度計

量杯、旋轉蓋容器、矽膠刮刀、湯匙、篩網、丁腈手套

矽膠製模具（1kg容量）

餅乾模（仙人掌型）、方型壓克力片（修整手工皂表面用）

事先準備

將桑黃、青黛粉末，事先與葵花籽油調合成泥。（稀釋比例可參照243的表格數據）

準備製作仙人掌型皂塊用的CP皂（綠色）。

1

將水與冰塊倒入旋轉蓋容器中測量所需用量，而氫氧化鈉則另以小的不鏽鋼量杯盛裝測量用量。

2

將氫氧化鈉加入水中後，立刻將蓋子旋緊並均勻搖晃，製作鹼液。

3

先取出飽和脂肪酸含量高的油脂（椰子、棕櫚、豬油等）所需用量，並加熱至60～62°C之間。

4

接著再加入剩下所需的油脂用量，並等其降溫至40°C左右。

5

鹼液以篩網過篩，加入基底油中（此時鹼液溫度大約保持在30～40°C之間較為適當）。

6

以矽膠刮刀輕輕地攪拌約2分鐘。

7

打開手持攪拌棒，調整至低速模式，均勻攪拌。

8

加進精油後，再以矽膠刮刀充分攪拌均勻。

9

持續慢慢攪拌皂液，直到呈現trace第四階段。

10

分別將皂液按照下表份量，倒入塑膠量杯內，並各自加入調合好的色泥攪拌均勻。

11

以仙人掌造型餅乾模，裁切事先利用氧化鉻綠製作好的綠色CP皂，製作出仙人掌皂塊備用。

12

倒入全部的棕色皂液至模具中。

彩色皂液調配比例

顏色	皂液	添加物種類	添加量	備註
棕色	150g	桑黃粉	1g	事先以油調勻成泥狀
		液狀氧化鐵黃（手工皂用）	2g	請參考P244
		液狀二氧化鈦（手工皂用）	1g	請參考P244
天藍色	850g	青黛粉	8g	事先以油調勻成泥狀
		液狀二氧化鈦（手工皂用）	10g	請參考P244

13

14

15

把仙人掌皂塊沿著模具中心線，排成一列直立放入模具中。

為了避免仙人掌皂塊位置移動，以矽膠刮刀分批舀取天藍色皂液，慢慢倒入模具中。

利用方型壓克力片，修整表面的形狀。

16

蓋上模具蓋子，進入保溫步驟。

17. 保溫步驟完成後，將手工皂裁切成所需的尺寸，並靜置風乾4週以上，便可使用。

18. 裁切完並經過6～8週靜置、完全風乾後的手工皂，可以用真空包裝保存，便可長期維持乾爽的狀態。

tip

o 若手邊沒有皂中皂專用模具，或是模具形狀不符合需求時，可以利用餅乾模具將事先製作好的CP皂裁切成塊，排成一列，製作成符合理想的皂中皂。

小小兵造型皂

Minions Character Soap

成分
ingredient

成品份量：約1,130g

基底油

油脂	用量	所占比例	備註
椰子油	170g	24.3%	－
棕櫚油	170g	24.3%	－
夏威夷果仁油	80g	11.4%	－
橄欖油	200g	28.6%	－
葵花籽油	80g	11.4%	－
合計	700g	100%	

鹼液

材料	用量	備註
氫氧化鈉（98%純度）	107.1g	無減鹼
水（28%）	196g	冰塊156g左右＋其餘為水

添加材料

種類	備註
精油（20ml）	薰衣草10ml＋甜橙10ml
天然粉末	天然發酵青黛、備長炭、南瓜
氧化物	液狀氧化鐵黃、液狀二氧化鈦（手工皂用）

脂肪酸構成比例

飽和脂肪酸（39.0%）				不飽和脂肪酸（54.7%）				其他（6.3%）
月桂酸	肉豆蔻酸	棕櫚酸	硬脂酸	蓖麻油酸	油酸	亞麻油酸	次亞麻油酸	其他
11.7%	4.9%	18.7%	3.8%	0%	39.7%	14.6%	0.4%	6.3%

基本工具
basic tools

加熱工具、手持攪拌棒、電子秤、電子溫度計

量杯、旋轉蓋容器、矽膠刮刀、湯匙、篩網、丁腈手套

矽膠製模具（1kg容量）

餅乾模（圓筒型）、方型壓克力片（修整手工皂表面用）、鑷子

事先準備

將天然發酵青黛、備長炭、南瓜粉末,事先與葵花籽油調合成泥。

(稀釋比例可參照243頁的表格數據)

事先備好小小兵眼鏡(白色的圓柱狀皂),以及頭髮和眼睛部分(黑色皂角)的皂塊。

將水與冰塊倒入旋轉蓋容器中測量所需用量,而氫氧化鈉則另以小的不鏽鋼量杯盛裝測量用量。

將氫氧化鈉加入水中後,立刻將蓋子旋緊並均勻搖晃,製作鹼液。

先取出飽和脂肪酸含量高的油脂(椰子、棕櫚、豬油等)所需用量,並加熱至60～62℃之間。

接著再加入剩下所需的油脂用量,並等其降溫至40℃左右。

鹼液以篩網過篩,加入基底油中(此時鹼液溫度大約保持在30～40℃之間較為適當)。

以矽膠刮刀輕輕地攪拌約2分鐘。

7

打開手持攪拌棒，調整至低速模式，均勻攪拌。

8

加進精油後，再以矽膠刮刀充分攪拌均勻。

9

持續慢慢攪拌皂液，直到呈現trace第三階段。

10

分別將皂液按照下表份量，倒入三個塑膠量杯內，並各自加入調合好的色泥攪拌均勻。

11

模具中倒入全部的海軍藍皂液並靜置，暫時進入保溫狀態。

12

當表面凝固後，便可將圓柱狀白色皂塊置於模具中心，輕壓固定。

彩色皂液調配比例

顏色	皂液	添加物種類	添加量	備註
海軍藍	250g	青黛粉	1g	事先以油調勻成泥狀
		液狀二氧化鈦（手工皂用）	3g	請參考P244
黑色	250g	備長炭粉	4g	事先以油調勻成泥狀
黃色	410g	南瓜粉	10g	事先以油調勻成泥狀
		液狀氧化鐵黃（手工皂用）	5g	請參考P244
		液狀二氧化鈦（手工皂用）	3g	請參考P244

接著倒入黑色皂液，同樣靜置進入保溫狀態，直至表面凝固。

當黑色皂液表面稍微凝固後，以湯匙舀取黃色皂液，慢慢盛入模具中。

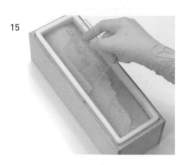

利用壓克力片修整表面形狀。

用鑷子夾取黑色的皂角插入皂液中，作為小小兵的頭髮。

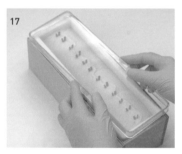

蓋上模具的蓋子，進入保溫步驟。

保溫步驟完成後，將手工皂裁切成所需的尺寸，接著利用圓型餅乾模將白色部分的圓心穿孔。

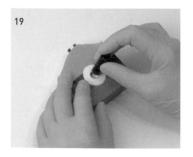

剛剛穿孔之處中，緊緊塞入黑色皂塊。

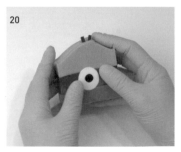

靜置風乾4週以上，便可使用。

斜角波紋皂
Oblique Wave Soap

成分
ingredient

成品份量：約500g

基底油

油脂	用量	所占比例	備註
椰子油	100g	28.6%	—
棕櫚油	100g	28.6%	—
夏威夷果仁油	40g	11.4%	—
橄欖油	110g	31.4%	—
合計	350g	100%	

鹼液

材料	用量	備註
氫氧化鈉（98%純度）	54.5g	無減鹼
水（29%）	101g	冰塊80g左右＋其餘為水

添加材料

種類	備註
精油（10ml）	薰衣草5ml＋綠薄荷5ml
天然粉末	備長炭
雲母粉	綠松石
氧化物	液狀二氧化鈦（手工皂用）

脂肪酸構成比例

飽和脂肪酸（43.8%）				不飽和脂肪酸（49.6%）				其他（6.6%）
月桂酸	肉豆蔻酸	棕櫚酸	硬脂酸	蓖麻油酸	油酸	亞麻油酸	次亞麻油酸	其他
13.7%	5.7%	20.6%	3.8%	0%	41.9%	7.4%	0.3%	6.6%

基本工具
basic tools

加熱工具、手持攪拌棒、電子秤、電子溫度計

量杯、旋轉蓋容器、矽膠刮刀、湯匙、篩網、丁腈手套

矽膠製模具（500g容量）

墊高模具一邊，使其傾斜的支撐架（500g容量模具的蓋子）

事先準備

將備長炭粉末，事先與葵花籽油調合成泥。（稀釋比例可參照243頁的表格數據）

1

將水與冰塊倒入旋轉蓋容器中測量所需用量，而氫氧化鈉則另以小的不鏽鋼量杯盛裝測量用量。

2

將氫氧化鈉加入水中後，立刻將蓋子旋緊並均勻搖晃，製作鹼液。

3

先取出飽和脂肪酸含量高的油脂（椰子、棕櫚、豬油等）所需用量，並加熱至60～62°C之間。

4

接著再加入剩下所需的油脂用量，並等其降溫至40°C左右。

5

鹼液以篩網過篩，加入基底油中（此時鹼液溫度大約保持在30～40°C之間較為適當）。

6

以矽膠刮刀輕輕地攪拌約2分鐘。

7

打開手持攪拌棒，調整至低速
模式，均勻攪拌。

8

加進精油後，再以矽膠刮刀充
分攪拌均勻。

9

持續慢慢攪拌皂液，直到呈現
trace第二階段。

10

分別將皂液按照下表份量，倒
入三個塑膠量杯內，並各自加
入調合好的色泥攪拌均勻。

11

在1公升容量的量杯中，倒入
全部的灰色皂液。

12

接著，沿著量杯側邊壁面倒入
全部的綠松色皂液。

彩色皂液調配比例

顏色	皂液	添加物種類	添加量	備註
綠松色	170g	綠松石雲母粉	少量	1/3茶匙
		液狀二氧化鈦（手工皂用）	5滴	請參考P244
灰色	170g	備長炭粉	1g	事先以油調勻成泥狀
		液狀二氧化鈦（手工皂用）	1g	請參考P244
白色	170g	液狀二氧化鈦（手工皂用）	2g	請參考P244

同步驟12，再倒入白色皂液。

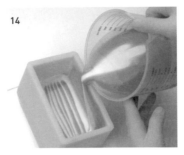

墊高模具一側後，將量杯中的皂液，順著縱向直線來回倒入模具。

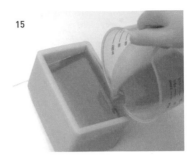

將量杯中的皂液全數倒入。

蓋上模具蓋子，進入保溫步驟。

17. 保溫步驟完成後，將手工皂裁切成所需的尺寸，並靜置風乾4週以上，便可使用。

18. 裁切完並經過6～8週靜置、完全風乾後的手工皂，可以用真空包裝保存，便可長期維持乾爽的狀態。

旋風紋造型皂

Tornado Soap

成分
ingredient

成品份量：約520g

基底油

油脂	用量	所占比例	備註
椰子油	180g	50%	—
杏桃核仁油	100g	27.8%	—
葵花籽油	80g	22.2%	—
合計	360g	100%	

鹼液

材料	用量	備註
氫氧化鈉（98%純度）	59.6g	無減鹼
水（29%）	104g	冰塊80g左右＋其餘為水

添加材料

種類	備註
精油（10ml）	薰衣草5ml＋茶樹5ml
天然粉末	天然發酵青黛、高嶺土
氧化物	液狀Indian Pink、液狀二氧化鈦（手工皂用）

脂肪酸構成比例

飽和脂肪酸（43.6%）				不飽和脂肪酸（50.2%）				其他（6.2%）
月桂酸	肉豆蔻酸	棕櫚酸	硬脂酸	蓖麻油酸	油酸	亞麻油酸	次亞麻油酸	其他
24%	9.5%	7.7%	2.4%	0%	25.9%	24.1%	0.2%	6.2%

基本工具
basic tools

加熱工具、手持攪拌棒、電子秤、電子溫度計

量杯、旋轉蓋容器、矽膠刮刀、湯匙、篩網、丁腈手套

矽膠製模具（500g容量）

長嘴量杯

事先準備

將天然發酵青黛、高嶺土粉末，事先與葵花籽油調合成泥。

（稀釋比例可參照243頁的表格數據）

1

將水與冰塊倒入旋轉蓋容器中測量所需用量，而氫氧化鈉則另以小的不鏽鋼量杯盛裝測量用量。

2

將氫氧化鈉加入水中後，立刻將蓋子旋緊並均勻搖晃，製作鹼液。

3

先取出飽和脂肪酸含量高的油脂（椰子、棕櫚、豬油等）所需用量，並加熱至60～62℃之間。

4

接著再加入剩下所需的油脂用量，並等其降溫至40℃左右。

5

鹼液以篩網過篩，加入基底油中（此時鹼液溫度大約保持在30～40℃之間較為適當）。

6

以矽膠刮刀輕輕地攪拌約2分鐘。

<table>
<tr>
<td>7

打開手持攪拌棒，調整至低速模式，均勻攪拌。</td>
<td>8

加進精油後，再以矽膠刮刀充分攪拌均勻。</td>
<td>9

持續慢慢攪拌皂液，直到呈現trace第二階段。</td>
</tr>
<tr>
<td>10
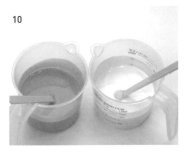
分別將皂液按照下表份量，倒入兩個塑膠量杯內，並各自加入調合好的色泥攪拌均勻。</td>
<td>11

長嘴量杯中，將兩個顏色的皂液輪流倒入，至一半的份量。</td>
<td>12

從模具縱向的中心，沿著側壁邊倒入長嘴量杯中的皂液，但不要讓量杯靠在模具上，而是凌空傾倒。</td>
</tr>
</table>

彩色皂液調配比例

顏色	皂液	添加物種類	添加量	備註
紫羅蘭	250g	天然發酵青黛粉	0.5g	事先以油調勻成泥狀
		液狀Indian Pink（手工皂用）	2g	此為韓國廠商色號氧化物，可用近似的粉紅色粉取代調製。請參考P244
		液狀二氧化鈦（手工皂用）	1g	請參考P244
白色	250g	高嶺土粉	2g	事先以油調勻成泥狀
		液狀二氧化鈦（手工皂用）	3g	請參考P244

剩餘的皂液同樣輪流倒入長嘴
量杯中。

從步驟12同一個點、同樣的
手法倒入剩餘的皂液。

蓋上模具的蓋子,進入保溫狀
態。

16. 保溫步驟完成後,將手工皂裁切成所需的尺寸,並靜置風乾4週以上,便可使用。

17. 裁切完並經過6～8週靜置、完全風乾後的手工皂,可以用真空包裝保存,便可長期維持乾爽的
狀態。

tip

○ 倒皂液入模具中時,請勿晃動長嘴量杯。由於本配方
的trace狀態較輕微,因此若此時晃動到量杯,很有可
能會讓量杯中不同顏色的皂液互相混合,而導致成品
的波紋不明顯。

○ 為了讓旋風紋路明顯,建議只用一隻手提著量杯,另
一隻手則要避免量杯碰到模具。

珍珠奶茶造型皂

Tapioca Milk Tea Soap

成分
ingredient

成品份量：約1,250g

基底油

油脂	用量	所占比例	備註
椰子油	220g	30.2%	—
棕櫚油	220g	30.2%	—
夏威夷果仁油	80g	10.9%	—
橄欖油	130g	17.8%	—
葵花籽油	80g	10.3%	—
合計	730g	100%	

鹼液

材料	用量	備註
氫氧化鈉（98%純度）	114.4g	無減鹼
水（29%）	211g	冰塊165g左右＋其餘為水

添加材料

種類	備註
精油（10ml）	薰衣草5ml＋葡萄柚5ml
天然粉末	備長炭、黃礦泥、可可
氧化物	液狀二氧化鈦（手工皂用）
透明皂基	220g

脂肪酸構成比例

飽和脂肪酸（44.6%）				不飽和脂肪酸（48.6%）				其他（6.8%）
月桂酸	肉豆蔻酸	棕櫚酸	硬脂酸	蓖麻油酸	油酸	亞麻油酸	次亞麻油酸	其他
14.5%	6.0%	20.2%	3.9%	0%	34.7%	13.6%	0.3%	6.8%

基本工具
basic tools

加熱工具、手持攪拌棒、電子秤、電子溫度計

量杯、旋轉蓋容器、矽膠刮刀、湯匙、篩網、丁腈手套

壓克力或矽膠製模具（1kg容量）

餅乾模（圓筒型）、吸管、塑膠擠花袋、花嘴（864）、剪刀

事先準備

將黃礦泥、可可粉末，事先與葵花籽油調合成泥。（稀釋比例可參照243頁的表格數據）

熔化透明皂基後，加入備長炭粉調成黑色皂液，

接著放入粗吸管內（直徑1.2cm）待其凝固（製作10根吸管的量），作為珍珠材料。

當作吸管部分的CP皂（顏色隨意），可用直徑小的圓型餅乾模壓好備用。

1

將水與冰塊倒入旋轉蓋容器中測量所需用量，而氫氧化鈉則另以小的不鏽鋼量杯盛裝測量用量。

2

將氫氧化鈉加入水中後，立刻將蓋子旋緊並均勻搖晃，製作鹼液。

3

先取出飽和脂肪酸含量高的油脂（椰子、棕櫚、豬油等）所需用量，並加熱至60～62°C之間。

4

接著再加入剩下所需的油脂用量，並等其降溫至40°C左右。

5

鹼液以篩網過篩，加入基底油中（此時鹼液溫度大約保持在30～40°C之間較為適當）。

6

以矽膠刮刀輕輕地攪拌約2分鐘。

7

打開手持攪拌棒,調整至低速模式,均勻攪拌。

8

加進精油後,再以矽膠刮刀充分攪拌均勻。

9

持續慢慢攪拌皂液,直到呈現trace第四階段。

10

分別將皂液按照下表份量,倒入三個塑膠量杯內,並各自加入調合好的色泥攪拌均勻。

11

取出利用粗吸管做好的MP皂,裁剪至相當於模具長度的大小。

12

舀取200g的奶茶色皂液盛裝至模具中。

彩色皂液調配比例

顏色	皂液	添加物種類	添加量	備註
奶茶色	750g	黃礦泥粉	4g	事先以油調勻成泥狀
		可可粉	1g	事先以油調勻成泥狀
		液狀二氧化鈦（手工皂用）	8g	請參考P244
白色	270g	液狀二氧化鈦（手工皂用）	5g	請參考P244
棕色	50g	可可粉	1g	事先以油調勻成泥狀

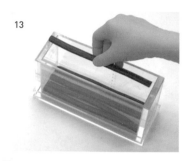

13

取步驟11的圓條皂4～5根放入模具中。

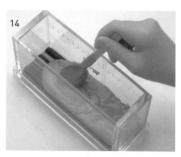

14

再舀取奶茶色的皂液將其覆蓋住。

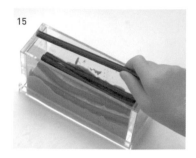

15

接著放入步驟11中剩餘的圓條皂。

16

倒入剩下的奶茶色皂液。

17

把白色皂液裝入擠花袋中。（此處用的花嘴為238號）

18

擠入步驟16的皂液上，作為鮮奶油部分。

19

棕色皂液則倒入另一個擠花袋中，剪去少許尖端部分，並將棕色皂液擠在白色奶油上。

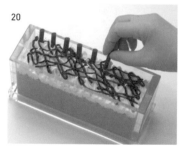

20

作為吸管的皂塊，則取適當間隔，斜插入皂液中。

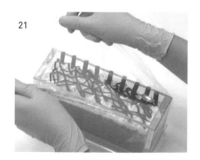

21

用皂用保鮮膜覆蓋壓克力模具上方，進到保溫狀態。

22. 保溫步驟完成後，將手工皂裁切成所需的尺寸，並靜置風乾4週以上，便可使用。

23. 裁切完並經過6～8週靜置、完全風乾後的手工皂，可以用真空包裝保存，便可長期維持乾爽的狀態。

星空造型皂

Starry Night Soap

成分
ingredient

成品份量：約1,200g

基底油

油脂	用量	所占比例	備註
椰子油	230g	29.5%	—
棕櫚油	230g	29.5%	—
杏桃核仁油	100g	12.8%	
玉米胚芽油	100g	12.8%	—
榛果油	120g	15.4%	
合計	780g	100%	

鹼液

材料	用量	備註
氫氧化鈉（98%純度）	121.9g	無減鹼
水（29%）	226g	冰塊168g左右＋其餘為水

添加材料

種類	備註
精油（20ml）	薰衣草10ml＋尤加利10ml
天然粉末	備長炭、青黛
雲母粉	黃色
CP皂角（50g）	白色
星星狀皂中皂	MP皂或CP皂

脂肪酸構成比例

飽和脂肪酸（41.8%）				不飽和脂肪酸（53.2%）				其他（5.0%）
月桂酸	肉豆蔻酸	棕櫚酸	硬脂酸	蓖麻油酸	油酸	亞麻油酸	次亞麻油酸	其他
14.2%	5.9%	18.7%	3.1%	0%	38.0%	15.1%	0.1%	5.0%

基本工具
basic tools

加熱工具、手持攪拌棒、電子秤、電子溫度計

量杯、旋轉蓋容器、矽膠刮刀、湯匙、篩網、丁腈手套

矽膠製模具（1kg容量）

星星狀長條模具、迷你攪拌棒

方型壓克力片（修整手工皂表面用）、迷你網篩

事先準備

將備長炭、青黛粉末，事先與葵花籽油調合成泥。（稀釋比例可參照243頁的表格數據）

利用星星條狀模具做出星星皂條後，裁切成模具長度備用。（MP皂或CP皂皆可）

利用迷你攪拌棒將皂塊絞碎備用。

1

將水與冰塊倒入旋轉蓋容器中測量所需用量，而氫氧化鈉則另以小的不鏽鋼量杯盛裝測量用量。

2

將氫氧化鈉加入水中後，立刻將蓋子旋緊並均勻搖晃，製作鹼液。

3

先取出飽和脂肪酸含量高的油脂（椰子、棕櫚、豬油等）所需用量，並加熱至60～62℃之間。

4

接著再加入剩下所需的油脂用量，並等其降溫至40℃左右。

5

鹼液以篩網過篩，加入基底油中（此時鹼液溫度大約保持在30～40℃之間較為適當）。

6

以矽膠刮刀輕輕地攪拌約2分鐘。

7

打開手持攪拌棒，調整至低速模式，均勻攪拌。

8

加進精油後，再以矽膠刮刀充分攪拌均勻。

9

持續慢慢攪拌皂液，直到呈現trace第四階段。

10

分別將皂液按照下表份量，倒入兩個塑膠量杯內，並各自加入調合好的色泥攪拌均勻。

11

模具中，倒入250g的黑色皂液。

12

將一半茶匙份量的雲母粉倒進迷你網篩中，均勻灑滿模具中。

彩色皂液調配比例

顏色	皂液	添加物種類	添加量	備註
黑色	250g	備長炭粉	5g	事先以油調勻成泥狀
藍色	900g	備長炭粉	3g	事先以油調勻成泥狀
		青黛粉	10g	事先以油調勻成泥狀

13

絞碎的白色CP皂屑,全部加入藍色皂液中。

14

沿著湯匙,倒入½的藍色皂液至模具中。

15

將星星皂條擺放至任何想要的位置。

16

將步驟14剩下的藍色皂液全部倒進模具中。

17

利用方型壓克力片,修整皂液表面形狀。

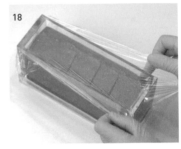

18

用皂用保鮮膜覆蓋壓克力模具上方,進入保溫狀態。

19. 保溫步驟完成後,將手工皂裁切成所需的尺寸,並靜置風乾4週以上,便可使用。

20. 裁切完並經過6～8週靜置、完全風乾後的手工皂,可以用真空包裝保存,便可長期維持乾爽的狀態。

tip

○ 若想用CP皂來製作星星皂條,為了提高硬度,可以選擇椰子油比例較高的配方。如此一來,可以避免製作類似這種細長形的皂塊從模具中取出時形狀被破壞,或是因為皂液量不多,致使皂化作用過程中,皂體本身呈現濕軟狀態的情形出現。

杯子蛋糕造型皂

Cupcake Soap

成分
ingredient

成品份量：約500g（100g×5個）

· 蛋糕體

基底油

油脂	用量	所占比例	備註
椰子油	65g	34.2%	—
棕櫚油	65g	34.2%	—
橄欖油	60g	31.6%	—
合計	190g	100%	

鹼液

材料	用量	備註
氫氧化鈉（98%純度）	30.2g	無減鹼
水（30%）	57g	冰塊45g左右＋其餘為水

· 鮮奶油

基底油

油脂	用量	所占比例	備註
椰子油	50g	26.3%	—
棕櫚油	50g	26.3%	—
橄欖油	90g	47..4%	—
合計	190g	100%	

鹼液

材料	用量	備註
氫氧化鈉（98%純度）	29.2g	無減鹼
水（29%）	55g	冰塊45g左右＋其餘為水

添加材料

種類	備註
精油（10ml）	薰衣草10ml（各5ml）
天然粉末	辣木、湯之花溫泉粉、可可
氧化物	液狀二氧化鈦（手工皂用）

基本工具
basic tools

加熱工具、手持攪拌棒、電子秤、電子溫度計

量杯、旋轉蓋容器、矽膠刮刀、湯匙、篩網、丁腈手套

杯子蛋糕模具（可用紙杯代替）、裝飾部分模具（水果、葉子等）

塑膠擠花袋、花嘴、剪刀、刮刀

事先準備

將辣木、可可粉末，事先與葵花籽油調合成泥。（稀釋比例可參照243頁的表格數據）

把手邊剩餘皂角弄濕成團後，緊壓至水果或葉子樣式模具中，製作裝飾用皂塊。

製作蛋糕體部分

1

將水與冰塊倒入旋轉蓋容器中測量所需用量，而氫氧化鈉則另以小的不鏽鋼量杯盛裝測量用量。

2

將氫氧化鈉加入水中後，立刻將蓋子旋緊並均勻搖晃，製作鹼液。

3

先取出飽和脂肪酸含量高的油脂（椰子、棕櫚、豬油等）所需用量，並加熱至60～62℃之間。

4

接著再加入剩下所需的油脂量，並等其降溫至40℃左右。

5

鹼液以篩網過篩，加入基底油中（此時鹼液溫度大約保持在30～40℃之間較為適當）。

6

以矽膠刮刀輕輕地攪拌約2分鐘。

打開手持攪拌棒，調整至低速模式，均勻攪拌。

加進精油後，再以矽膠刮刀充分攪拌均勻。

持續慢慢攪拌皂液，直到呈現trace第二階段。

分別將皂液按照下表份量，倒入三個塑膠量杯內，並各自加入調合好的色泥攪拌均勻。

將三種顏色的皂液倒入模具中，蓋上蓋子進入保溫步驟。

保溫步驟完成後，從模具中取出皂體。

彩色皂液調配比例

顏色	皂液	添加物種類	添加量	備註
綠色	55g／個	辣木粉	1g／個	事先以油調勻成泥狀
棕色	55g／個	可可粉	1g／個	事先以油調勻成泥狀
黃色	55g／個	湯之花溫泉粉	1g／個	—

製作鮮奶油部分

1

將水與冰塊倒入旋轉蓋容器中測量所需用量，而氫氧化鈉則另以小的不鏽鋼量杯盛裝測量用量。

2

將氫氧化鈉加入水中後，立刻將蓋子旋緊並均勻搖晃，製作鹼液。

3

先取出飽和脂肪酸含量高的油脂（椰子、棕櫚、豬油等）所需用量，並加熱至60～62°C之間。

4

接著再加入剩下所需的油脂用量，並等其降溫至40°C左右。

5

鹼液以篩網過篩，加入基底油中（此時鹼液溫度大約保持在30～40°C之間較為適當）。

6

以矽膠刮刀輕輕地攪拌約2分鐘。

7　打開手持攪拌棒，調整至低速模式，均勻攪拌。

8　加進精油後，再以矽膠刮刀充分攪拌均勻。

9　持續慢慢攪拌皂液，直到呈現trace第五階段。

10　加入液狀二氧化鈦後，製作成白色皂液，持續攪拌至濃稠狀態。

11　將擠花袋套上花嘴備用。（方式可參照P238）。

12　當皂液變成濕潤的泥團狀後，便可裝進擠花袋中。

tip

○ 平時製作手工皂剩餘的皂液不要急著丟掉，可以倒入紙杯或杯子蛋糕模具中靜置待其凝固，製成蛋糕體部分，隨時可以拿來使用。

○ 手邊沒有杯子蛋糕模具時，也可以利用紙杯倒入55g的皂液製作。

○ 若是為了讓鮮奶油部分的皂液快速進入到trace狀態，而持續使用手持攪拌棒，反而會立刻變硬。因此寧可花長時間慢慢攪拌，以達到需要的黏稠度。

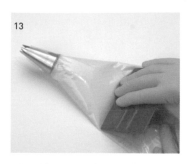

13

14

15

利用刮刀,將擠花袋中的空氣擠出,並將皂液推至花嘴處。

擠花袋後方空的塑膠袋,用大拇指壓住。

在剛剛蛋糕體部分的皂塊上,以畫圈的方式擠上鮮奶油。

16

17

重複步驟15擠在其他的蛋糕體上。可以換不同花嘴玩出不同花樣。

插上裝飾用皂塊後,即可進入保溫步驟。

18. 保溫步驟完成後,靜置風乾4週以上,便可使用。

如何將花嘴套上擠花袋

星型花嘴：824

開放星型花嘴：864

小尺寸圓型花嘴：804、808

大尺寸圓型花嘴：Φ24MM

1

準備紙杯、花嘴、擠花袋和剪刀。

2

將花嘴由擠花袋裡面套入尖嘴處。

3

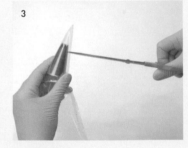

在距離花嘴末端1cm的位置做記號。

4

用剪刀，從標示處剪去。

5

將擠花袋放到紙杯中，並將多餘部分往下折。

6

如此一來便成功將花嘴套入擠花袋中。

附錄

——

手工皂
製作相關
進階說明

粉末的種類與特性

製作手工皂時，若額外添加不同粉末，可改變質地與顏色。雖說沒有既定的添加用量，一般而言，份量約取在手工皂總量的2%以內。不過有時為了加強手工皂呈現的色彩，用量會往上調整。請記住，即便手工皂中添加了各種優質成分的粉末，也不代表手工皂將會擁有任何特別的醫療功效。

天然粉末

種類	特性
甘草粉	可以舒緩肌膚問題的中藥材。去除肌膚上的毒素與老廢角質，並調理皮脂，維護肌膚的清潔性與健康。對於粗糙、日曬過久的肌膚特別適合。
諾麗果粉	富含抗氧化物質，因此可預防老化、緩解肌膚問題。含有12種維他命、18種氨基酸以及礦物質等成分。
綠茶粉	綠茶中的兒茶素，對疲憊的肌膚具收斂及舒緩之效，可預防老化。 對於因曝曬在紫外線下而老化的預防極具功效。製作CP皂時，綠茶粉本身的顏色也可與皂液的顏色混出不同的視覺效果。
昆布粉	無機物成分含量豐富，可預防肌膚問題，並保持水嫩彈性。同時還能淡化斑點和色素沉澱，改善老化暗沉。可添加至洗髮精中，對頭皮健康有幫助。
麻芛粉	富含多酚、β-胡蘿蔔素。據聞埃及豔后為了維持青春美貌，常食用麻芛。
白僵蠶粉	蠶寶寶死後將其乾燥，經過挑選後加工製作而成，含有豐富的絲膠以及絲蛋白。具有保濕、撫平肌膚紋路，使肌膚光滑之效。
積雪草粉	成分中的皂素，可以使傷口的抗氧化物質與血液供給量增加，並讓發炎部位快速消炎。常用於針對改善油性肌或問題肌的手工皂中。
三白草粉	擁有卓越的保濕效果，促進肌膚水分代謝。可保持肌膚所需水分，讓肌膚恢復水潤光澤。另外也有解毒效果，適合痘痘肌使用。
檀木粉	分別為由木幹中心萃取而出的檀木粉（白色），以及由樹皮萃取而出的檀木粉（紅色）兩種。可用於舒緩肌膚問題，同時會散發淡淡檀香。
備長炭粉	擁有吸附脂質與異物功能，因此可洗去肌膚深層多餘的皮脂與老廢物質，緊縮毛孔。另外還有抑制自由基，預防老化功效。想讓手工皂顏色變深時，也會拿來使用。
肉桂粉	由肉桂（桂皮）樹的樹皮獲得，呈現紅棕色，並散發濃重的肉桂香。因氣味較重，因此製作手工皂時，建議用量低於其他粉末用量。

種類	特性
艾草粉	含有豐富的維他命、礦物質等，可改善膚色、緩解皮膚疾病症狀。 減少肌膚的刺激，緩解瘙癢感，可適用於各種膚質。
魚腥草粉	可淨化血液，並去除肌膚裡的毒素，適用於痘痘或問題肌。 同時具高保濕力，可維持膚況穩定。
燕麥粉	可溫和去除敏感或乾燥肌的老廢角質，還給肌膚本來的透明光澤。 含有維他命與礦物質，可收斂肌膚、恢復肌膚彈性。 鎖住水分，達到保濕效果。
珍珠粉	促進肌膚細胞再生，幫助保養品的吸收，並讓肌膚維持水嫩光澤。由於礦物質含量高，據聞埃及豔后與楊貴妃都曾以此為美容聖品。
陳皮粉	橘皮曬乾後製成的中藥材，具緩解肌膚問題以及保濕功效。其中檸檬油精的成分可保養肌膚，並在肌膚上形成一層薄膜以防止水分蒸發。
菖蒲粉	具驅蟲、鎮定以及柔順髮絲之效。滋養秀髮，維持光澤感，增進毛囊健康，可保髮絲強韌健康。
青黛粉	緩解肌膚問題以及瘙癢感。若顏色較淺的青黛粉，應有另外添加色素，無添加色素的青黛粉顏色會偏向藏青色。
可可粉	因含各種維他命與礦物質，保濕效果卓越，多酚成分則可預防肌膚老化。另外，想製作出咖啡色的手工皂時，也很常使用。
綠藻粉	為單細胞生物，屬於藻類的一種。富含多種維他命、氨基酸、蛋白質、礦物質等，可使肌膚光滑有光澤，尤其幫助肌膚排毒功效卓越。
電氣石粉	含有可去除肌膚老廢物質的礦物質，恢復肌膚光滑柔嫩。 改善膚色、恢復肌膚活力。另外，製作灰色系手工皂時，也可添加使用。
紅椒粉	比起其他蔬菜，含有更多的鐵以及β-胡蘿蔔素。紅椒的維他命C含量是番茄的五倍，檸檬的兩倍。可徹底清潔肌膚，維持肌膚的清淨透涼感。
乳香粉	乳香樹脂粉適合添加於預防肌膚老化、美白、改善肌膚乾燥等功能的手工皂中。另外還有促進肌膚細胞再生功能，對肌膚老化改善也很有幫助。
南瓜粉	富有維他命C與β-胡蘿蔔素，可促進肌膚再生，恢復肌膚光彩。 對於維持肌膚彈性、保濕、舒緩肌膚問題也有幫助。

礦泥粉末

不添加任何化學物質、色素、防腐劑，一切源自最天然的礦土。根據礦泥中礦物質含量的不同，顏色有所差異，特性也會略有不同，普通添加使用量約控制在手工皂總量的1%以下，但偶爾會為了加強顏色呈現而增量。

種類	適合膚質	特性
摩洛哥熔岩礦泥粉	油性肌膚 油性頭皮	· 富有高純度的天然礦物質，可緩解疲累或壓力等原因引起的肌膚問題。 · 可使漸漸乾燥粗糙的肌膚恢復柔嫩狀態，礦物質成分還可令肌膚光滑滋潤，恢復健康。
綠礦泥粉	油性肌膚 痘痘肌	· 礦泥中吸附力最強的，因此去除肌膚老廢物質與毒素的效果卓越。 · 維持肌膚油水平衡，保持清透感。
紅礦泥粉	所有膚質 乾性肌膚	· 含有豐富的鐵氧化物，特別有助於微血管破裂的肌膚。 · 倘若手工皂中添加過多紅礦泥，反而會因為鐵氧化物的成分，對肌膚造成刺激，務必注意。
玫瑰紅礦泥粉	油性肌膚 問題肌膚	· 鎮靜肌膚，改善肌膚敏感問題。 · 富含礦物質，有助於恢復肌膚活力。 · 與肌膚的貼合度高，常用來製作面膜。
膨潤土粉	油性肌膚 問題肌膚	· 火山灰與蒙脫石（montmorillonite）的化合物，含有60多種礦物質，可供給肌膚所需養分。 · 擁有卓越的吸附力，可深入毛孔，掃除老廢物質、化妝殘留，抑制並除去過多皮脂，有助於消除痘痘以及斑點。 · 可去除污漬、使肌膚柔嫩，因此也可使用於刮鬍專用手工皂。
黃礦泥粉	所有膚質 乾性膚質	· 適用於失去活力或是老化的肌膚上。
高嶺土粉	油性肌膚 問題肌膚	· 吸附力高，可掃除毛孔內的髒污，同時有鎮靜的效果，因此很常用在面膜上。
粉紅礦泥粉	所有膚質 敏感肌膚	· 可以淨化肌膚，提升亮度，加強保濕。
白礦泥粉	所有膚質 敏感肌膚	· 質地非常細緻，可舒緩並柔嫩肌膚。 · 連柔嫩的嬰兒肌膚都可以使用的礦泥，因此常用於製作成人或嬰兒用的爽身粉。

粉末與油脂的調和比例

若要直接添加粉末至皂液中,可能會有未完全化開而結塊、成團的情況出現。因此添加至皂液之前,可先利用少量油脂調勻化開,再加入必須的量,即可製作出光滑的成品。無論是橄欖油、葵花籽油等等,都可使用。若欲添加的粉末未列出於下表中,可先以1:1的比例混合,如果仍未全化開,可以一點一點慢慢地加入油脂攪拌,直到完全融合。

大分類	粉末種類	比例		大分類	粉末種類	比例	
		粉末	油脂			粉末	油脂
天然粉末	茜草根粉	2	3		摩洛哥熔岩礦泥粉	1	1
	紅檀木粉	2	5		綠礦泥粉	2	3
	辣木粉	2	3		紅礦泥粉	1	1
	麻芛粉	2	3		玫瑰紅礦泥粉	2	3
	無患子粉	2	3	礦泥	膨潤土粉	1	1
	檀木粉	1	2		黃礦泥粉	2	1
	備長炭粉	2	3		高嶺土粉	1	1
	艾草粉	1	2		粉紅礦泥粉	1	1
	紫珠草粉	2	3		白礦泥粉	1	1
	魚腥草粉	1	2				
	珍珠粉	1	1				
	白樺茸粉	2	5				
	天然發酵青黛粉	1	1				
	青黛粉	1	1				
	爐甘石粉	1	2				
	可可粉	1	1				
	電氣石粉	3	2				
	紅椒色素粉	3	2				
	指甲花粉	1	1				
	南瓜粉	1	1				
	黃土粉	3	2				

色素

為了用來裝飾，加強手工皂視覺美感的材料。而手工皂中最常使用的是食用色素、氧化物、雲母粉等等。

· 食用色素：人體能夠食用的色素，多為液狀或是膠狀。高濃縮後的粉狀食用色素，可以用甘油及水稀釋後再添加，較易褪色。多用於製造MP皂上。

· 氧化物粉狀：韓國稱為氧化物粉狀的添加物，台灣也稱為氧化鐵。氧化物粉狀系列的粉不會溶解在油脂中，因此製作MP皂時，需要先用水溶解，再少量添加；而若是製作CP皂時，則須先與基底油攪拌成液狀後再行使用。經過基底油拌開事先調製之後的液狀氧化物，在製作樣式較為繁複的設計皂款時，便不需要選擇特定的步驟或是時間，可以自由添加。選擇混合的油品時，建議選擇黏稠度較低、本身顏色較清透的油品調和。這類氧化物粉狀，包含二氧化鈦粉在內，總共有9種顏色，彼此也可互相調和成更多不同的顏色。

· 雲母粉：因帶點珠光感，添加入手工皂後，能夠呈現出氧化物粉狀難以呈現的多種色澤與光彩感。MP皂成品想要帶點珠光感時可以使用，而製作CP皂時，即便在皂液已進入trace狀態後再行加入，也能夠拌勻。不過加入前，事先用少量的基底油或是皂液調勻，製作時會更加方便。雲母粉的顏色有千百種，但其實只要用基本的色調互相調色，就能夠得出更多精彩細緻的色彩。製作手工皂所需的液狀二氧化鈦粉以及雲母粉，都可以在韓國天然材料購物平台bubble bank（http://www.bubblebank.net），或台灣的專業手工皂材料商或網路商城購買到。

乾燥香草、鹽

· 乾燥香草：用於裝飾手工皂表面，或是製作浸泡油。胭脂樹籽浸泡油的製作方法，請見P86。

· 鹽：添加了鹽的手工皂，必須注意環境濕度高低。製作前，若能先將鹽粒打碎研磨成細粉狀，完成的手工皂成品，使用時的質地會更為光滑。

碘價

計算方式為油脂100g中，能夠吸收的碘的g數，可用來表示組成油脂中的脂肪酸成分所含的雙鍵數。碘價（iodine）可看作油品中不飽和脂肪酸分子雙鍵數的數量，因此碘價高的油品，代表雙鍵數含量高。

碘價高的油脂熔點低，也因分子中雙鍵數高的關係，容易與其他物質起反應，因此易氧化。相反地，碘價低的油脂熔點高，相對穩定不易氧化。倘若油脂經過高溫長時間加熱，或是自氧化作用，不飽和脂肪酸將會分解，導致碘價逐漸變低。

大分類	油脂	碘價	大分類	油脂	碘價
非乾性油（碘價低於100）	椰子油	10	半乾性油（碘價介於100～130）	米糠油	100
	可可脂	37		杏桃核仁油	100
	棕櫚油	53		綠茶籽油	102
	胡蘿蔔籽油	56		棉籽油	108
	豬油	57		黑芝麻油	110
	乳油木果脂	59		芥花油	110
	苦楝油	72		玉米胚芽油	117
	月桂油	74		小麥胚芽油	128
	夏威夷果仁油	76	乾性油（碘價高於130）	大豆油	131
	山茶花油	78		葡萄籽油	131
	橄欖油	85		葵花籽油	133
	酪梨油	86		核桃油	145
	蓖麻油	86		紅花籽油	145
	榛果油	97		月見草油	160
	甜杏仁油	99		大麻籽油	165

＊以上數值以及分類可能會有些許差異。

脂肪酸

製作手工皂需要以油脂為材料。在常溫下呈現液態的稱為「油」，而呈現固態的則稱為「脂」，也就是飽和脂肪酸為脂，而不飽和脂肪酸為油。前者在低溫時呈現固態，後者則呈現液態。不過飽和脂肪酸在夏日溫度較高的時節，也可能會熔化成液狀。

根據油脂中含有的脂肪酸成分不同，都會影響到手工皂的起泡力、清潔力、硬度、保濕力等等。可先確認過各個基底油的特性以及脂肪酸含量，選擇最適合自己肌膚的油品，製作出專屬的天然手工皂。

脂肪酸種類

· **飽和脂肪酸**：飽和脂肪酸比起不飽和脂肪酸，熔點高，較不易與其它物質發生反應，穩定不易氧化。因有良好穩定性，當溫度降低後，便轉化成固態狀。製作手工皂時，若飽和脂肪酸的比例較高，成品硬度會較高，起泡力也較強。椰子油、棕櫚油、動物性油脂等等，都屬於此類。具代表性的飽和脂肪酸有月桂酸（Lauric Acid）、肉豆蔻酸（Myristic Acid）、棕櫚酸（Palmitic Acid）以及硬脂酸（Stearic Acid）。飽和脂肪酸含量越高的手工皂，越不容易變質，保存期限也越久。

· **不飽和脂肪酸**：不飽和脂肪酸比起飽和脂肪酸的熔點低，常呈現液狀。與飽和脂肪酸不同，穩定度低，因此容易氧化酸敗。製作出的手工皂若不飽和脂肪酸含量較高，搓揉出的泡沫雖較為細緻，但量少，手工皂本身質地也會較鬆軟。屬於此類的油脂有橄欖油、山茶花油、葵花籽油等等植物性油脂。其中，橄欖油以及山茶花油的不飽和脂肪酸比例很高，因此常用於保濕功能的手工皂中。具代表性的不飽和脂肪酸有蓖麻油酸（Ricinoleic Acid）、油酸（Oleic Acid）、亞麻油酸（Linoleic Acid）、次亞麻油酸（Linolenic Acid）。而不飽和脂肪酸含量越高的手工皂保存期限會越短。

脂肪酸種類與手工皂特性之關聯

脂肪酸種類		皂體硬度高	洗淨力	皂體硬度低	泡沫持久	起泡量大
飽和脂肪酸	月桂酸	○	○	—	—	○
	肉豆蔻酸	○	○	—	—	○
	棕櫚酸	○	—	—	○	—
	硬脂酸	○	—	—	○	—

脂肪酸種類		皂體硬度高	洗淨力	皂體硬度低	泡沫持久	起泡量大
不飽和脂肪酸	蓖麻油酸	—	—	○	○	○
	油酸	—	—	○	—	—
	亞麻油酸	—	—	○	—	—
	次亞麻油酸	—	—	○	—	—

脂肪酸的特性

脂肪酸種類		特性
飽和脂肪酸	月桂酸	· 具有起泡力，因此常用來作為肥皂、洗劑、界面活性劑等等的基礎材料。 · 佔椰奶、椰子油、月見草油、棕櫚仁油中脂肪酸含量約莫一半。 · 人類的母乳（總脂肪量的6.2%）、牛奶（2.9%）、山羊乳（3.1%）中也有發現此成分。
	肉豆蔻酸	· 泡沫豐富、洗淨力卓越。 · 琉璃苣油、椰子油、棕櫚仁油中含量多，可提升皂體硬度。
	棕櫚酸	· 與硬脂酸、油酸為三大主要脂肪酸，動植物性油脂中，大多含有此成分。 · 泡沫持久且豐富，同時能提升皂體硬度。
	硬脂酸	· 影響皂體硬度，多見於動物性油脂中。 · 室溫中呈現固體的油脂，此成分含量高，液狀的油脂則相對來說含量少。
不飽和脂肪酸	蓖麻油酸	· 泡沫持久且豐富，保濕度高。 · 此成分最具代表性的油脂即為蓖麻油。
	油酸	· 提升手工皂或是保養品中營養成分的滲透力，而產生的泡沫較為持久。 · 不僅僅存在於植物性油脂中，牛、豬等動物性油脂中也含有此成分。
	亞麻油酸	· 可預防肌膚乾燥龜裂，提升手工皂的保濕力。 · 大多存在於大豆油、葵花籽油、葡萄籽油等植物性油脂中。 · 若添加的比例較高，手工皂到了夏天，皂體容易變得軟爛。
	次亞麻油酸	· 與亞麻油酸的特性類似，也常見於植物性油脂中。 · 其中的 γ-次亞麻油酸與 α-次亞麻油酸廣為人知。

飽和脂肪酸含量與水量的比例試算

手工皂皂體硬度，跟飽和脂肪酸的含量有關。飽和脂肪酸含量低的配方，成品皂體會較為軟，而相反地，含量高的配方，皂體則偏硬。

因此皂體的硬度需藉由水量與減鹼量做調整，可能會導致成品皂體硬度偏軟的配方，將水量調低後，即可保有皂體該有的硬度。當然，皂體容易偏硬的配方中，將水量提升的同時減鹼，便可方便保溫步驟後的裁切。

根據飽和脂肪酸含量來調整用水量多寡，可使手工皂成品的外觀完成度更高。除了讓裁切過程更容易外，風乾也能更快速，表面的霧感也能更快速地顯現。

建議用水量

對比總油脂量的比例		代表手工皂	減鹼量（%）
飽和脂肪酸（%）	添加水量（%）		
76~80.9	41~42	100%初榨椰子油皂	-6
71~75.9	39~40		-5
66~70.9	37~38		-4
61~65.9	35~36		-3
56~60.9	33~34		-2
51~55.9	31~32		-1
46~50.9	30	100%棕櫚油皂	
41~45.9	29		
36~40.9	28		
31~35.9	27		
26~30.9	26	馬賽皂[72%]	無
21~25.9	25		
16~20.9	24		
11~15.9	23	卡斯提亞皂[100%]	
6~10.9	22		

＊以上數值為長時間經驗累積而得出，不具絕對性。

各種基底油之脂肪酸含量比例（%）

基底油	飽和脂肪酸				不飽和脂肪酸				其他脂肪酸
	月桂酸 c12:0	肉豆蔻酸 c14:0	棕櫚酸 c16:0	硬脂酸 c18:0	蓖麻油酸 c18:1	油酸 c18:1	亞麻油酸 c18:2	次亞麻油酸 c18:3	其他
椰子油	48	19	9	3	0	8	2	0	11
棕櫚油	0	1	44	5	0	39	10	0	1
綠茶籽油	0	0	8	2	0	71	10	0	9
苦楝油	0	2	21	16	0	46	12	0	3
月見草油	0	0	0	0	0	0	80	9	11
山茶花油	0	0	9	2	0	77	8	0	4
豬油	0	1	28	13	0	46	6	0	6
夏威夷果仁油	0	0	9	5	0	59	2	0	25
米糠油	0	1	22	3	0	38	34	2	0
黑芝麻油	0	0	9	5	0	40	43	1	2
杏桃核仁油	0	0	6	0	0	66	27	0	1
甜杏仁油	0	0	7	0	0	71	18	0	4
乳油木果脂	0	0	5	40	0	48	6	0	1
酪梨油	0	0	20	2	0	58	12	0	8
玉米胚芽油	0	0	12	2	0	32	51	1	2
橄欖油	0	0	14	3	0	69	12	1	1
月桂油	25	1	15	1	0	31	26	1	0
核桃油	0	0	7	2	0	18	60	0	13
小麥胚芽油	0	0	17	2	0	17	58	0	6
芥花油	0	0	4	2	0	61	21	9	3
胡蘿蔔籽油	0	0	4	0	0	80	13	0	3
可可脂	0	0	28	33	0	35	3	0	1
棉籽油	0	0	13	13	0	18	52	1	3
大豆油	0	0	11	5	0	24	50	8	2
葡萄籽油	0	0	8	4	0	20	68	0	0
蓖麻油	0	0	0	0	90	4	4	0	2
葵花籽油	0	0	7	4	0	16	70	1	2
大麻籽油	0	0	6	2	0	12	57	21	2
榛果油	0	0	5	3	0	75	10	0	7
紅花籽油	0	0	7	0	0	15	75	0	3

精油的種類與特性

精油多由植物的葉子或花瓣中萃取而出，成分天然而單純。為高濃縮的植物性成分，因此需定量使用。除了能添加手工皂的香氣外，每種精油都有自己的功效。

比起使用單一成分的精油，將好幾種精油以適當的比例調和，更能讓效果雙倍加成。不過不建議調和過多不同的精油，也不建議添加太高單價的精油。

種類	特性
葡萄柚	・從葡萄柚的果皮中萃取而出，氣味香甜溫和且清爽。 ・具有安定中樞神經、淨化血液、幫助減肥、分解脂肪的效果。 ・除了強身健體、殺菌、消毒外，還有利尿、抗憂鬱等功能。適合痘痘肌與油性肌使用。
薰衣草	・從花瓣與葉子中萃取而出，香氣優雅而舒緩。 ・香氛療法中廣為使用，並擁有能直接擦拭於肌膚的特點。 ・能緩解緊張與憤怒，使情緒平緩，對狀態的恢復具有療效。 ・適用於燒燙傷與發炎部位，除了能殺菌，還能消除疤痕。
檸檬	・從檸檬皮中萃取而出，散發檸檬特有的微酸與清爽氣味。 ・具有鎮定心神，能使心情愉快，同時可改善高血壓與貧血症狀。 ・適用於治療皮脂過度分泌、疤痕以及乾燥性皮膚炎。
檸檬草	・從整株檸檬草中萃取而出，香氣如檸檬般清新。 ・可振奮疲憊、憂鬱的心情，適合使用於疲累的狀態。 ・常用於強身健體、殺菌、促進消化、抗憂鬱等功能，還可幫助收斂毛孔。
迷迭香	・由花瓣與葉子中萃取而出，香氣濃烈，偏清爽俐落。 ・可提升記憶力與集中力，使頭腦清晰，另外還可維持肌膚清爽。 ・還能促進毛髮生長，維護頭皮健康。
花梨木	・由枝幹中萃取而出，香氣柔和而優雅，偏花香。 ・用來治療慢性疾病的重要材料之一，增強免疫力，消除憂鬱及疲勞感。 ・對於強身健體、殺菌、驅蟲、抗憂鬱、改善肌膚老化，都非常有效果。
柑橘	・從柑橘的皮中萃取而出，香味甜而溫和。 ・能使心情愉悅，安撫憂鬱或不安的情緒。 ・具有強身健體、促進消化、柔嫩肌膚、恢復肌膚活力之效。
佛手柑	・由果實的表皮中萃取而出，香氣清爽而甘甜。 ・可振奮不安、憂鬱，委靡不振的情緒，另外適用於痘痘肌、油性肌的保養。 ・有助泌尿系統殺菌，可用於治療膀胱炎。
絲柏	・從果實中萃取而出，如松柏般清新的香氣。 ・有鎮靜功能，可治療靜脈曲張、痔瘡，同時有護肝以及調整血壓功效。 ・對於呼吸系統的流行性感冒、支氣管炎、百日咳、哮喘等有功效。另可做油性肌保養。
甜橙	・由甜橙果皮中萃取而出，具清爽的柑橘香。 ・可舒緩疲勞與緊張，使心情輕鬆暢快。 ・掃除肌膚毒素，改善肌膚的乾燥、皺紋以及發炎問題。

種類	特性
雪松	・ 由樹木中萃取而出，和檀香一樣都具有東方風情的香氣。 ・ 有鎮靜、舒緩、祛痰的作用，可以幫助身心保持平衡。 ・ 良好的收斂、殺菌功效，使用於油性肌膚上，可緩和痘痘等肌膚問題。
尤加利	・ 從葉子中萃取而出，香味提神清新。 ・ 能讓頭腦清楚，有助於呼吸系統，也適合油性肌膚使用。 ・ 有抗菌作用，可助於治療流感、咽喉炎、咳嗽、黏膜炎、鼻竇炎、哮喘。
伊蘭	・ 萃取自花瓣，香味能刺激感官、挑逗人心。 ・ 可撫慰憤怒、不安、驚嚇、恐懼等心情。 ・ 能調整皮脂分泌，乾性、油性膚質皆適用。 ・ 若使用量過多，可能引發頭痛症狀，請務必小心。
天竺葵	・ 從整株天竺葵中萃取而出，帶著迷人而高雅的花香。 ・ 可調和心靈，同時具利尿功能，有助於排放老廢物質。 ・ 有收斂之效，適用於痘痘肌，可保肌膚維持清透。
快樂鼠尾草	・ 由花瓣與葉子中萃取而出，帶有濃郁而甜美的香氣。 ・ 當情緒低落時，有助提振心情。 ・ 除了能改善頭皮出油問題，對女性也有助益。另外，適用於乾性肌膚。
茶樹	・ 由葉子中萃取而出，散發清新舒爽的香味。 ・ 能提升免疫系統，有效預防傳染性疾病。 ・ 因可提升白血球功能，有抗菌、抗真菌之效，除了適用於痘痘肌上，還有助於治療流行性感冒、皰疹、黏膜炎、淋巴腺熱、牙齦發炎。
松樹	・ 萃取自葉子、枝幹、松果中，香味清新帶有天然松樹氣味。 ・ 可提振身心靈，使心情愉悅，並強化免疫系統。 ・ 有抵抗病毒、細菌，促進循環之效。不建議使用於敏感性膚質。
玫瑰草	・ 萃取自葉子，散發出的氣味甜美帶點玫瑰香。 ・ 具鎮靜之效，可保心情愉悅。 ・ 強化消化系統，提振食慾，抑制五臟六腑中的有害菌。 ・ 可促進皮脂分泌，適用於乾性肌膚。
廣藿香	・ 從整株廣藿香中萃取而出，香氣甜美又帶點東方神秘感。 ・ 可轉換心情，使人擺脫無力感。有抑制食慾之效。 ・ 有助於治療痘痘、皮膚炎、頭皮屑，消除橘皮組織。因香氣濃厚，使用量取少許即可。
薄荷	・ 由整株薄荷萃取而出，散發薄荷特有的清新暢快香氣。 ・ 可助人擺脫精神上的疲勞以及憂鬱。 ・ 有助於治療哮喘、支氣管炎、霍亂、肺炎、肺結核等。 ・ 解決瘙癢、發炎症狀。
乳香	・ 樹葉凝固後，從中萃取而出，帶著如同進到森林、沉穩的香氣。 ・ 帶給人平靜而歡愉的感受，消除不安和壓力。強化肺部功能，有助於改善呼吸急促與哮喘症狀。 ・ 適用於老化、乾性肌膚。

複方精油調和

製作手工皂時，若滴入幾滴精油，可增添手工皂香氣。與其選擇單一精油添加，不如選擇3～5種精油調和後加入，能增加香氣擴散範圍，擁有更豐富的嗅覺饗宴。

想要淡淡的香氣即可，添加量可取手工皂總量的2%；若想要散發濃郁的香氣，則建議取3%添加量。若在使用攪拌機前加入，有些精油可能會影響到trace的步驟，因此最好在攪拌完成後再行加入。若能在加入的前一週，事先將精油混合好，彼此的香氣將能更加融合、更加豐富。

花香系列

· 複方配方1

精油	比例
薰衣草	30%
花梨木	20%
玫瑰天竺葵	20%
玫瑰草	30%

· 複方配方2

精油	比例
薰衣草	20%
甜橙	50%
玫瑰草	30%

· 複方配方3

精油	比例
薰衣草	50%
花梨木	20%
薄荷	30%

柑橘系列

· 複方配方1

精油	比例
薰衣草	40%
佛手柑	20%
甜橙	20%
乳香	20%

· 複方配方2

精油	比例
葡萄柚	60%
迷迭香	30%
廣藿香	10%

· 複方配方3

精油	比例
薰衣草	30%
佛手柑	40%
快樂鼠尾草	30%

薄荷系列

· 複方配方1

精油	比例
檸檬	30%
迷迭香	10%
黑胡椒	20%
綠薄荷	40%

· 複方配方2

精油	比例
杜松漿果	30%
松樹	30%
薄荷	40%

· 複方配方3

精油	比例
葡萄柚	50%
迷迭香	20%
尤加利	30%

香草系列

・複方配方1

精油	比例
薰衣草	20%
檸檬	30%
尤加利	30%
松樹	20%

・複方配方2

精油	比例
薰衣草	40%
天竺葵	30%
快樂鼠尾草	30%

・複方配方3

精油	比例
迷迭香	40%
尤加利	20%
薄荷	40%

香料系列

・複方配方1

精油	比例
薰衣草	20%
甜橙	20%
尤加利	20%
薑	20%
薄荷	20%

・複方配方2

精油	比例
迷迭香	30%
杜松漿果	20%
薑	20%
薄荷	30%

・複方配方3

精油	比例
黑胡椒	30%
甜橙	50%
廣藿香	20%

森林系列

・複方配方1

精油	比例
迷迭香	20%
肉桂	20%
雪松	30%
伊蘭	20%
廣藿香	10%

・複方配方2

精油	比例
薰衣草	30%
佛手柑	20%
雪松	40%
茶樹	10%

・複方配方3

精油	比例
花梨木	30%
玫瑰草	30%
苦橙葉	40%

木質系列

・複方配方1

精油	比例
薰衣草	30%
檸檬	20%
乳香	50%

・複方配方2

精油	比例
迷迭香	30%
綠薄荷	30%
乳香	40%

・複方配方3

精油	比例
薰衣草	30%
甜橙	40%
乳香	30%

2AF140

天然香氛手工皂聖經：

晶透寶石 x 絕美造型 x 零失敗配方，從基礎到進階全圖解教學，打造最親膚的韓式高質感手工皂

作　　者	鄭脩頻	印　　刷	凱林彩印股份有限公司
譯　　者	林雅雯		2021 年（民 110）02 月　初版 1 刷
責任編輯	溫淑閔		Printed in Taiwan
主　　編	溫淑閔	定　　價	420 元
版面構成	江麗姿		
封面設計	走路花工作室		

行銷企畫　辛政遠、楊惠潔
總 編 輯　姚蜀芸
副 社 長　黃錫鉉
總 經 理　吳濱伶
發 行 人　何飛鵬
出　　版　創意市集

BOOK TITLE: 천연비누 디자인 클래스 : 좋아하는 향과 색으로 내 피부 타입에 맞게 만드는 핸드메이드 비누 43
Copyright ⓒ 2019 by Kyunghyang BP.
All rights reserved.
Original Korean edition was published by Kyunghyang BP.
Complex Chinese(Mandarin) Translation Copyright ⓒ 2021 by INNOFAIR Press, a division of Cite Publishing Ltd.
Complex Chinese(Mandarin) translation rights arranged with Kyunghyang BP.
through AnyCraft-HUB Corp., Seoul, Korea & M.J AGENCY

發　　行　城邦文化事業股份有限公司
　　　　　歡迎光臨城邦讀書花園
　　　　　網址：www.cite.com.tw

※ 詢問書籍問題前，請註明您所購買的書名及書號，以及在哪一頁有問題，以便我們能加快處理速度為您服務。

香港發行所　城邦（香港）出版集團有限公司
　　　　　　香港灣仔駱克道 193 號東超商業中心 1 樓
　　　　　　電話：（852）25086231
　　　　　　傳真：（852）25789337
　　　　　　E-mail：hkcite@biznetvigator.com

※ 我們的回答範圍，恕僅限書籍本身問題及內容撰寫不清楚的地方，關於軟體、硬體本身的問題及衍生的操作狀況，請向原廠商洽詢處理。

馬新發行所　城邦（馬新）出版集團
　　　　　　Cite (M) SdnBhd
　　　　　　41, JalanRadinAnum, Bandar Baru Sri Petaling,
　　　　　　57000 Kuala Lumpur, Malaysia.
　　　　　　電話：（603）90578822
　　　　　　傳真：（603）90576622
　　　　　　E-mail：cite@cite.com.my

※ 若書籍外觀有破損、缺頁、裝訂錯誤等不完整現象，想要換書、退書，或您有大量購書的需求服務，都請與客服中心聯繫。

※ 廠商合作、作者投稿、讀者意見回饋，請至：
FB 粉絲團‧http://www.facebook.com/InnoFair
Email 信箱‧ifbook@hmg.com.tw

客戶服務中心
地址：10483 台北市中山區民生東路二段 141 號 B1
服務電話：（02）2500-7718、（02）2500-7719
服務時間：週一至週五 9：30 ～ 18：00
24 小時傳真專線：（02）2500-1990 ～ 3
E-mail：service@readingclub.com.tw

版權聲明　本著作未經公司同意，不得以任何方式重製、轉載、散佈、變更全部或部分內容。

國家圖書館出版品預行編目（CIP）資料

天然香氛手工皂聖經：晶透寶石 x 絕美造型 x 零失敗配方，從基礎到進階全圖解教學，打造最親膚的韓式高質感手工皂 / 鄭脩頻著 . -- 初版 . -- 臺北市：創意市集出版：城邦文化發行，民 110.02
面；　公分 .

ISBN 978-986-5534-33-2（平裝）

1. 肥皂 2. 香精油

466.4　　　　　　　　　　　　　　109021978